関東大震災と東京大学

教訓を首都直下地震対策に活かす

目黒公郎［編］
東京大学大学院情報学環総合防災情報研究センター［監修］

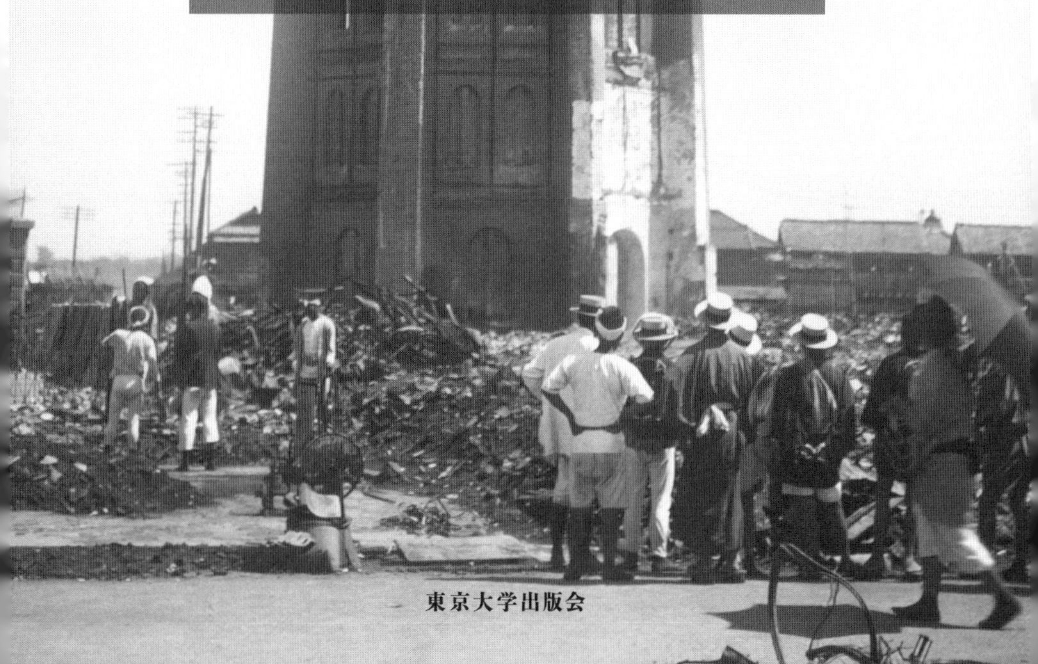

東京大学出版会

東京大学大学院情報学環総合防災情報研究センター叢書 1

The 1923 Great Kanto Earthquake and the University of Tokyo
Lessons for the Next Great Earthquake and the Tokyo Inland Earthquake

Kimiro Meguro, editor

Center for Integrated Diaster Information Research, the University of Tokyo,
supervisor

University of Tokyo Press, 2024
ISBN 978-4-13-066714-2

はしがき

本書「関東大震災と東京大学―教訓を首都直下地震対策に活かす」は，1923（大正 12）年 9 月 1 日に発生した大正関東地震から 100 年の節目に当たる 2023 年に，東京大学が 2 週にわたって開催した大正関東地震 100 年シンポジウム「関東大震災と東京大学」の内容をもとにまとめたものである．このシンポジウムは，東京大学内の災害や防災，復旧や復興に関わる研究に携わる 7 つの部局を連携する「災害・復興知連携研究機構」のメンバーを中心に企画・開催したものである．

大正関東地震が南関東を中心に引き起こしたさまざまな被害を総称して「関東大震災」と呼ぶが，本書では最新の知見から，地震（大正関東地震）と被害（関東大震災）に関して，この巨大災害に対する直後対応から復旧・復興にいたる全容を解説するとともに，当時の東京大学がどのように関わったのかについても紹介する．さらに，これらの経験を，今後，遠くない将来に発生する危険性の高い首都直下地震や南海トラフ巨大地震が引き起こす巨大災害に対して，どのように活かしていくべきかについても，多角的に議論している．

本書の出版は，本来はシンポジウムの 1 年後の 2024 年 9 月に予定していたが，2024 年 1 月 1 日に発生した能登半島地震の被害調査や対応に執筆者の多くが関わられたこともあり，3 カ月ほど遅れたことをお詫びしたい．また，本書の中で取り扱ったコラムは，東京大学大学院情報学環総合防災情報研究センター（CIDIR）のニュースレターの記事の一部を使わせていただいた．

最後に，本書の出版に際して，ご尽力いただいた「災害・復興知連携研究機構」のメンバーをはじめ，シンポジウムの講演者と執筆者，さらに東京大学出版会の皆様に深い感謝の意を表したい．関係者一同は，本書が地震災害をはじめとする各種のハザードによる被害の軽減やより良い復興に役立つことを切に願う次第である.

2024年秋

編者　目黒公郎

目次

第Ⅱ部　関東大震災と東京大学の貢献

序論

目黒公郎

2023 年は，1923（大正 12）年 9 月 1 日に発生した大正関東地震から 100 年目の年である．東京大学では，この節目の年に，2 週にわたって大正関東地震 100 年シンポジウム「関東大震災と東京大学」を開催した．本書「関東大震災と東京大学——教訓を首都直下地震対策に活かす」は，このシンポジウムの内容をもとにまとめたものである．

本編に入る前に，大正関東地震 100 年シンポジウム「関東大震災と東京大学」の際に行った趣旨説明を中心に述べ，本書の序論としたい．

0.1　はじめに

昨年，2023 年は大正関東地震から 100 年の年であった．この地震が引き起こしたさまざまな被害を総称して「関東大震災」と呼ぶが，この震災に関しては，発災直後の建物被害や土砂災害，その後の延焼火災や流言飛語を中心として語られることが多い．また復旧や復興に関しては，後藤新平の帝都復興計画や復興院の活動などが主として取り上げられる．しかし，関東大震災がわが国に与えた影響は，ここで述べたような地震発生の直後からの 10 年程度を対象とした，主として自然現象や物理現象が引き起こした影響だけなのだろうか．

答えは「No」である．もちろん上記のような影響が重要でないと言っているのではなく，関東大震災が発生した時代背景やその後のわが国の歩みを俯瞰した上で，関東大震災がわが国に与えた影響を考察することが，今後わが国を襲うと考えられる巨大災害への対応を考える上で不可欠であることを指摘したいのだ（目黒，2023）．

関東大震災がわが国に与えたより本質的な影響は，大正デモクラシーの自由な雰囲気を一気に吹き飛ばし，軍国主義国家への方向転換となった点である．わが国は，地震から18年後には太平洋戦争に突入し，22年後には第二次世界大戦の敗戦を迎えるが，国家総動員で戦争に当たったことで，国土の保全対策はないがしろにされた．その結果，終戦からしばらくの間，わが国では台風災害を代表として，毎年のように千人を超える自然災害が発生した．

一方でわが国は，終戦後には，米国や世界銀行を中心とする国や国際組織からの支援を受けて戦後復興に努めた．多くの社会資本（インフラ）を整備し，これによって国土開発や産業の発展を遂げるのだが，現在，その期間に整備した大量のインフラが老朽化を迎えている．

明治維新以降に進んでいた首都圏への人口や機能，そして財産の集中は，後藤の帝都復興計画によって加速し，戦後復興を経てさらに拍車がかかった．現在にいたっては，わが国が抱えるほとんどの問題の本質的な原因になっているといっても過言ではない（目黒，2023）．目黒（2023）では，このような課題に対しての改善策についても言及しているが，本書の各章をお読みいただく際には，上記のような問題意識を持っていただくと，さらに実りあるものになるであろう．

0.2　一般的に語られる大正関東地震による被害

1923（大正12）年9月1日の午前11時58分32秒，相模トラフを震源（図0.1左）としてＭ８クラスの地震が発生した．大正関東地震である．この地震が「関東大震災」と呼ばれるさまざまな被害を引き起こした．本書においても，さまざまな視点からの被害の詳細が報告されているが，その多くは地震発生の直後からの10年程度を対象とした，主として自然現象や物理現象が引き起こした影響である．

具体的には，この地震による建物被害は，全潰（現在の修繕して再利用することが難しい被害レベルという意味の全壊ではなく，倒壊や崩壊の意味）建物が約11万棟，全焼が21万2,000余棟，焼失面積は44.7 km^{2}に達した．

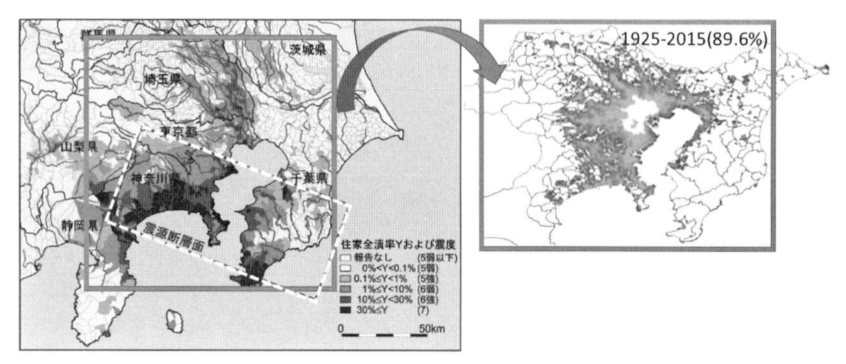

図 0.1　左：大正関東地震の震度分布（諸井・武村，2002），右：人口密集地域（Murao *et al.*, 2023）．右図の真ん中の明るいエリアが 1925 年当時の人口密集地域．数値の後の（　）は地図内の全人口に占める 2015 年時点での人口密集地域の人口の割合．

死者・行方不明者は約 10 万 5,000 人，その 87.1%（約 9 万 2,000 人）が焼死者であり，地域としては東京府（66.8%）と神奈川県（31.2%）で全死者数の 98% を占めた．焼死者の多さから関東大震災は，東京における延焼火災を中心として報じられることも多い．また，激しい地震動が南関東の広域を襲い，神奈川県を中心に，建物の倒壊のほか，液状化による地盤沈下，崖崩れや地すべり，沿岸部では津波（静岡県熱海で 12 m，千葉県館山で 9.3 m，神奈川県の鎌倉由比ヶ浜で 9 m，洲崎で 8 m，逗子，鎌倉，藤沢，三浦で 5–7 m など）による被害が発生した．結果として，建物被害による死者・行方不明者は 1 万 1,000 余人（1995 年阪神・淡路大震災の建物被害による犠牲者の 2 倍以上），津波による死者・行方不明者は 200–300 人（1993 年北海道南西沖地震による津波の犠牲者よりも多い），土砂災害も各地で発生し，700–800 人の死者・行方不明者が出ている．

関東大震災の被害額にはさまざまな推定があるが，その額はおおむね 45–65 億円（当時）である．これは，当時のわが国の名目 GNP（約 152 億円）の 30–44%，一般会計歳出（約 15 億円，軍事費約 5 億円を含む）の約 3–4.3 倍に相当する．単純比較は難しいが，現在の一般会計歳出が約 107 兆円（2022 年度），GDP（2021 年度）が 545 兆円であることを考えれば，関東大震災のインパクトは現在のわが国にとっては，150–460 兆円相当であったと言える．以上をまとめると，被害の概要は表 0.1 に示すようになる．

表 0.1　関東大震災による被害概要（内閣府，2006）

<table>
<tr><td>死者・行方不明者総数</td><td>約 10.5 万人</td><td>地震動による倒壊建物</td><td>約 11 万棟</td></tr>
<tr><td>延焼火事を原因とする死者</td><td>約 9 万 2 千人
（全体の 87.1%）</td><td>延焼火災による焼失</td><td>約 21.2 万棟</td></tr>
<tr><td>建物倒壊を原因とする死者</td><td>約 1 万 1 千人</td><td>焼失面積</td><td>44.7 km^2
（東京：34.7 km^2）
（横浜：13.0 km^2）</td></tr>
<tr><td>流言飛語による犠牲者</td><td>死者・行方不明者総数の 1% から数%（1,000 人から数千人）</td><td>被災橋梁数
（旧 15 区の 592 橋梁の中で）</td><td>279 橋梁
（47.1%）</td></tr>
<tr><td>土砂災害を原因とする死者</td><td>700-800 人</td><td rowspan="2">被害総額</td><td rowspan="2">45 億-65 億円
（当時の GNP の 30-44%，国家予算の約 3-4.3 倍）</td></tr>
<tr><td>津波を原因とする死者</td><td>200-300 人</td></tr>
</table>

ところで，図 0.1 の左図は木造建物の全潰率を基に評価された震度分布であり，長周期地震動は含まれていない．しかし，最近の研究成果からは，関東で大規模な地震が起こると，南関東地域では 4 秒から 10 秒の長周期地震動が誘発されることがわかってきた．関東大震災当時は，この範囲の固有周期を持つ構造物や施設は存在しなかったので，大きな問題は顕在化しなかった．しかし，この周期帯は，現在では首都圏に多数存在する 30 階建以上の高層ビルや長大橋の固有周期，大型タンク内の油のスロッシング周期と一致することから，注意が必要である．

0.3　関東大震災が発生した時期の意味

図 0.2 に示すように，大正関東地震が発生した時期は，明治維新から 2023 年までの時間（156 年間）の最初の約 1/3 の時点（56 年目）である．そこから 22 年経過して第二次世界大戦が終了するが，これは 156 年間のちょうど折り返しの 78 年目になる．

大正関東地震の前の相模トラフを震源とする大地震は 1703 年の元禄関東地震であり，その前の地震は，1293 年の永仁関東地震（1495 年の明応鎌倉

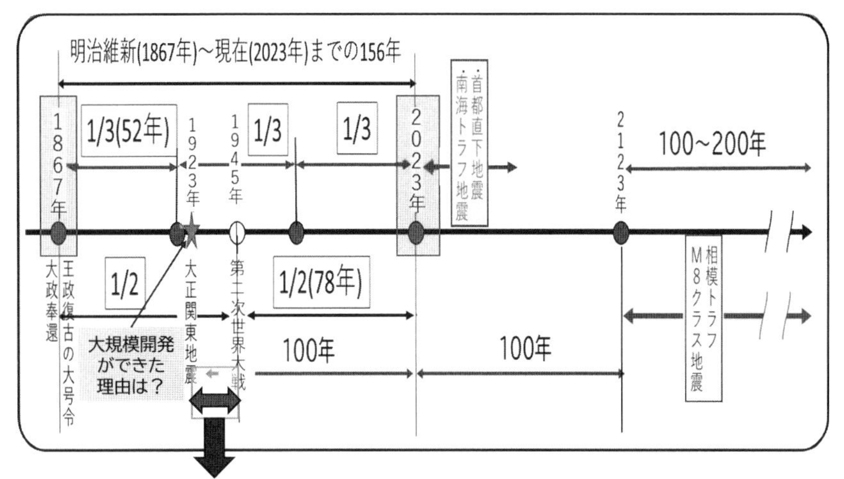

1925年治安維持法、1927年金融恐慌、1930年昭和恐慌、1931年満洲事変、
1932年「5・15事件」、1933年国際連盟脱退、1936年「2・26事件」、1937年日中戦争、
1941年太平洋戦争、1945年第二次世界大戦(民間人を含め310万人の死者)の敗戦

図 0.2 明治維新から現在にいたるわが国の歴史に及ぼした大正関東地震の影響

地震とする説もある）と言われていることから，発生周期は 200-400 年程度と考えられている．この考えに基づけば，大正関東地震からはまだ 100 年しか経過していないので，相模トラフを震源とする次のＭ８クラスの地震までは，少なくとも 100 年程度の猶予があるというのが，地震学者たちの一般的な見解である．しかし，Ｍ８クラスの地震の間にＭ７クラスの地震が数十年に１度程度の頻度で発生しており，これが現在心配されている首都直下地震である．

一方，南海トラフ沿いの巨大地震の周期は 100-150 年であり，最近の履歴をみると，1707 年の宝永地震（東海・東南海・南海地震の連動型同時発生），1854 年の安政東海地震と安政南海地震（時間差 31 時間で発生），1944 年の昭和東南海地震と 1946 年の昭和南海地震である．ゆえに，南海トラフ沿いの次の巨大地震は 21 世紀の前半を中心として発生する可能性が高いことが指摘されている．

以上をまとめると，首都直下地震や南海トラフ地震は今後数十年以内に，関東地震の再来となる相模トラフでの巨大地震は 22 世紀以降に起こる可能

表 0.2　明治以降の首都圏の人口の変化

	1872 年（明治 5 年）	1875 年（明治 8 年）	1922 年（大正 11 年）	2024 年（令和 6 年）	人口増加率（1922/1872）	人口増加率（2024/1872）
全国	33,110,825	33,625,678	57,390,100	124,885,175	1.73	3.77
東京都（府）	779,361	830,935	3,984,200	14,040,732	5.11	18.02
神奈川	492,714	502,504	1,380,800	9,232,794	2.80	18.74
埼玉	426,989	435,436	1,341,100	7,337,173	3.14	17.18
千葉（木更津県＋印旛県）	1,024,023	1,043,189	1,354,300	6,275,278	1.32	6.12
4 都県	2,723,087	2,812,064	8,060,400	36,885,977	2.96	13.55
首都圏の人口比	8.22	8.36	14.04	29.54		

性が高い．ゆえに，これらの地震に対しては，次の発生までの時間における社会の変化を踏まえた課題の抽出と対策の立案，課題解決に要する時間を踏まえたバックキャスト的な対応が重要になる（目黒，2023）．

大正関東地震で甚大な被害を受けた地域の人口規模は，死者を除いて約 200 万人であったが，その 1/3 以上の約 80 万人が被災地から外部へ避難（疎開）している．生活の継続が困難な人々が被災地内に留まったのでは，その人たちの生活が困難なだけでなく，その人たちをケアする必要があるので，被災地の復旧・復興に集中できなくなるからである．しかし，なぜそれほど多くの被災者が，疎開することができたのであろうか．実はここにも大正関東地震が起こった時期が大きく関係している．

明治維新の直前の江戸（その後の東京府）の人口は 120 万から 130 万人であった．その中には武士が 55 万から 60 万人含まれていたが，徳川に従った旗本を含め，彼らは江戸幕府が滅んだ時点でいったん国元に帰ったので，東京の人口は 67 万から 70 万人になった．表 0.2 に示すように，全国的に大規模な人口調査が行われた明治 5 年の時点での東京府の人口は約 78 万人，神奈川県は約 49 万人，埼玉県は約 43 万人，千葉県（木更津県と印旛県を合わせて）は約 102 万人で，この 4 つの府県の人口は全国の約 8% だった．その後，首都圏には多くの人々が流入する．その中には大勢の優秀な若者が含ま

表0.3　1900年前後に活躍した日本人の出身地とその業績

北里柴三郎（1853-1931年，肥後国阿蘇郡）：1891（明治24）年破傷風を治療する新しい血清療法を確立．1894（明治27）年にはペスト菌を発見．

高峰譲吉（1854-1922年，越中国高岡）：日本初の人造肥料製造を開始．酵素複合体タカジアスターゼの抽出に成功．

山川健次郎（1854-1931年，会津藩）：物理学者，日本人初の理学博士，東京帝国大学，京都帝国大学，九州帝国大学総長．

古市公威（1854-1934年，姫路藩）：1879年パリ留学，日本の近代土木工学の祖．

田辺朔郎（1861-1944年，根津愛染町）：日本の土木工学者．琵琶湖疏水や日本初の水力発電所の建設，関門海底トンネルの提言．

長岡半太郎（1865-1950年，肥前国大村藩）：土星の環の研究に着想を得て，1903年に原子模型の理論を発表．

大森房吉（1868-1923年，越前国足羽郡福井城下）：1898年に大森式地震計を開発．初期微動と震源距離の大森公式などを発表．

志賀潔（1871-1957年，陸前国宮城郡仙台）：1897（明治30）年に赤痢菌を発見．

秦佐八郎（1873-1938年，島根県美濃郡都茂村）：ドイツの細菌学者エールリヒと共同で，梅毒の化学療法剤サルバルサンを創製．

鈴木梅太郎（1874-1943年，静岡県榛原郡堀野新田村）：脚気（かっけ）に有効なビタミンB1を米ぬかからの抽出に成功．

れていた．

彼らは江戸時代に地方で育まれてきた人材であるが，この背景には参勤交代の効果がある．参勤交代が一般に言われているような意味（大名行列の経費によって蓄財を困難にさせ，幕府への謀反を防ぐ）ではなく，大名行列がもたらした全国のインフラの整備による国土の発展と優秀な人材の育成に大きな貢献があったと考えられる（くわしい説明は目黒（2023）を参照されたい）．地方から東京に流入した優秀な若手人材によって，わが国は表0.3に示すように，1900年前後には学術において綺羅星のごとく大きな成果を挙げ，明治維新からわずか30年で世界の先進国に追いつく．言い換えると，わが国が奇跡的な速度で発展した背景には，明治新政府が江戸時代に地方で育まれてきた優秀な人材を東京に集約させ，外国人に学ばせるとともに留学させ，帰国後に要職につけたからである．しかし明治新政府は，東京に集めた優秀な人材を地方に再配分することができなかった．これが現在にもつながる地方衰退の最大の原因だと筆者は考えている．

大正関東地震が発生した時期は明治維新から56年のタイミングであったが，明治維新からこのときまでに増加した人口の多くは自然増加ではなく，地方からの流入人口である．ゆえに流入した人たちの多くは，両親や祖父母，兄弟・姉妹など，遠戚ではない直接的な人間関係を有する血縁者が出身地に存在した．これが被災した多く人々が地方に疎開できた理由である．しかし，現在では明治維新から150年以上の時間（5世代以上）が経過し，地方に存在する直接的な人間関係を有する血縁関係の人々は限られている．首都圏が甚大な被害を受けた場合に，被災した首都圏で生活の継続が困難な人々が疎開することは依然として重要だが，これを実現する血縁以外の仕組みを作っておくことの重要性を指摘しておきたい．

後藤新平の帝都復興計画も，大被害を受けた首都東京の再建に大きく貢献した一方で，首都圏への人口の流入と集中を加速させた．大正関東地震の直前の1922年に上記の4府県の人口は全国の約14% を占めていたが，地震による死者と疎開による人口減少も，復旧・復興に携わる人たちを含む流入人口によってすぐに増加に転じ，首都圏への集中が加速した．現在（2024年）では4都県の人口は全国の29% を超えている．

0.4　関東大震災がわが国に及ぼした真の意味

関東大震災の後には，甚大な被害を受けた首都圏の復旧や復興には強いリーダシップや統率が必要になった．多くの国民が賛同し，政府も良かれと思って実施したさまざまな政策によって，大正の自由な時代は一気に変貌した．震災直後，政府は，緊急勅令によるモラトリアムを実施して震災手形を発行するとともに，この手形の割引損失補償令を公布した．震災による損失を政府が一定レベル補償する体制を整備したわけだが，この手形が1927年に不良債権化し，金融恐慌を招くことになった．

この時期は，関東大震災のみならず，国内のほかの地域でも地震災害が多発した（1925年北但馬地震，1927年北丹後地震，1930年北伊豆地震，1933年昭和三陸地震）．また，強いリーダシップや統率に反発する人々を取りしまるための1925年の治安維持法の制定，1927年金融恐慌，1930年昭和恐慌，1931年満洲事変，1932年には「五・一五事件」が起きた．そして，わが国は，1933年の国際連盟脱退，1936年「二・二六事件」，1937年日中戦争，

1941年の太平洋戦争と向かった．ここまで地震発生からわずか18年である．

大正時代は，政治的には，明治時代の元老を中心とした藩閥主義を脱して，政党政治に移行しようとしていた時代である．経済や社会活動においても，第一次世界大戦（1914-1918年）による経済好況やその後の戦後不況，護憲運動や労働運動，婦人参政権運動，部落解放運動などの民衆活動が活発に行われた．市民の生活においては，1918年からの3年間はスペイン風邪が大流行し，約2,400万人（1918年当時の人口5,500万人の約44%）が感染し，関東大震災による死者数の4倍近い約39万人が死亡した．COVID-19の比ではない．また洋食・洋服や文化住宅など，西洋式の衣食住が広がるとともに，芸術や大衆文化，新聞やラジオ，路面電車や乗合バス，そして家庭用電化製品など，都市の文化も形成された．国民全体として，民主主義に向かおうとする「大正デモクラシー」の時代だったわけだが，これが一気に変わり，民間人を含め310万人もの死者を出す第二次世界大戦に向かわせる転換点になった．2011年の東日本大震災から13年，阪神・淡路大震災から29年以上が経過していることを考えれば，いかに急激に社会が変化したのかが実感できるであろう．

大正関東地震から22年後の第二次世界大戦の終戦は明治維新から2023年までの156年間のちょうど中間点の78年前である．その後のわが国が，敗戦の影響を強く受けて歩んできたことは万人が承知していることだが，その背景には関東大震災があったことに注意すべきだ．

0.5　関東大震災がその後の日本の自然災害に及ぼした影響

図0.3に，1945年の第二次世界大戦終戦からの日本における自然災害による死者・行方不明者数の年ごとの分布を示す（内閣府，2022）．終戦からの15年間の自然災害による死者・行方不明者数の平均は，年間約2,400人であった．その後の30年間の平均値は約300人，その後の32年間の平均値は関連死を含めて約1,050人である．終戦から15年間の死者・行方不明者数が多い理由は，国力の大半を戦争に費やした結果，国土保全対策が実施されず，国土が荒廃し災害に対する脆弱性を増していたからだ．大規模な地震は毎年

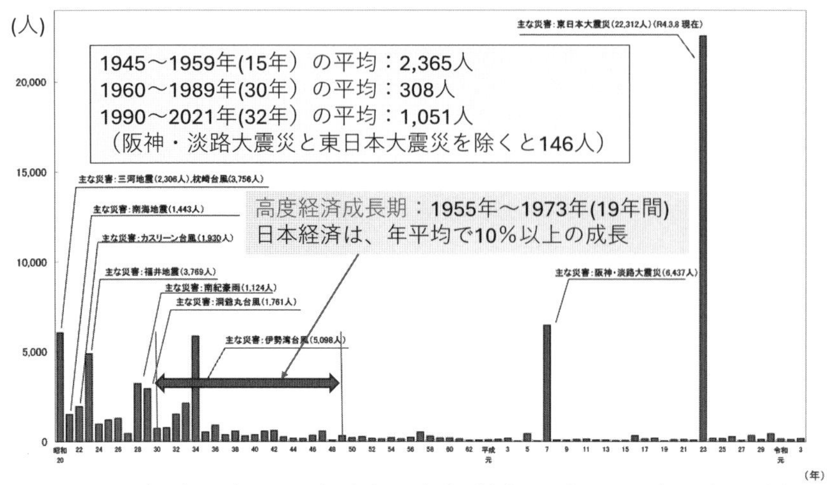

出典：昭和20年は主な災害による死者・行方不明者（理科年表による）。昭和21年〜27年は日本気象災害年報、昭和28年〜37年は警察庁資料。昭和38年以降は消防庁資料をもとに内閣府作成

図 0.3　わが国の自然災害による死者・行方不明者数（1995 年以降は関連死を含む）（内閣府，2022 に加筆）

発生していたわけではないが，毎年安定的に襲来する台風では 1,000 人を超える被害が毎年のように発生した．

終戦後，日本は米国や世界銀行などからの支援を受け，高速道路や新幹線をはじめとするさまざまなインフラ整備を進めた．結果として 1955 年から 1973 年までの「高度経済成長期」を迎え，国力は格段に高まった．この 19 年間の平均経済成長率は 10% を越えたので，この間にわが国の経済力は 6 倍以上に大きくなったことになる．

終戦後に整備したインフラには防災のためのインフラも含まれる．図 0.4 の上段は河川施設，下段は海岸堤防等の整備状況を表している（国土交通省 HP）．これらの施設の整備によって，日本の自然災害による死者・行方不明者数は大きく減少したのであるが，「高度経済成長期」に整備したインフラの量がいかに多いかがわかる．直近の約 32 年間での死者・行方不明者数が増加しているのは，1995 年の阪神・淡路大震災の約 6,400 人の死者・行方不明者数（関連死含む）と，2011 年の東日本大震災による約 2 万 2,000 人の死者・行方不明者数（関連死含む）による．これら 2 つの震災による死者・行

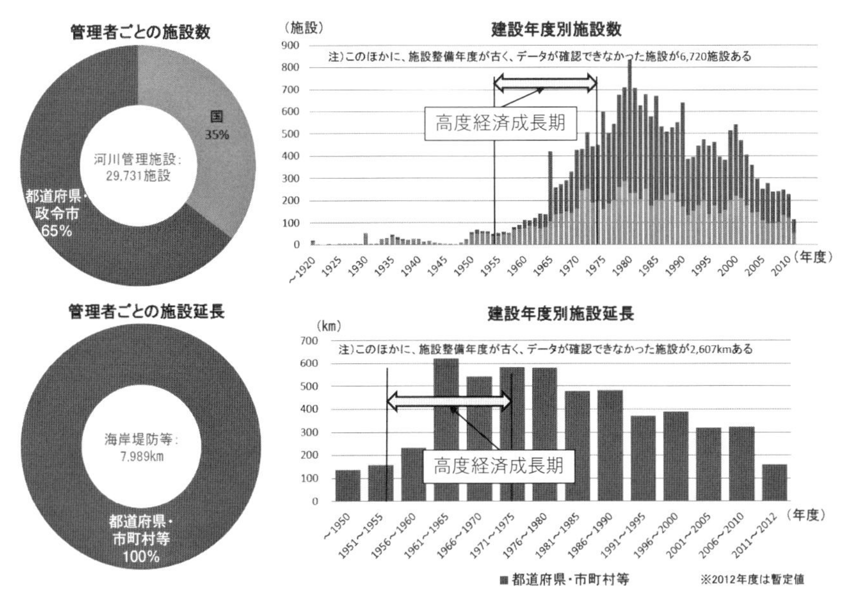

図 0.4　わが国のインフラ整備の歴史（国土交通省 HP の図に加筆）．上：河川施設，下：海岸堤防等の施設．

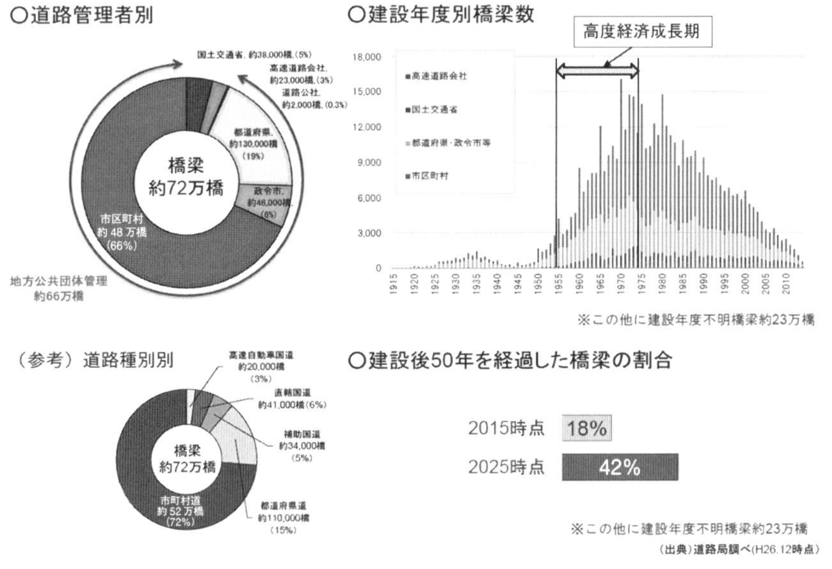

図 0.5　社会インフラの老朽化：橋梁の現状（国土交通省 HP の図に加筆）

表 0.4 社会インフラの老朽化：建設後 50 年以上経過する社会資本の割合（国土交通省 HP）

	2020 年 3 月	2030 年 3 月	2040 年 3 月
道路橋 ［約 73 万橋（橋長 2 m 以上の橋）］	約 30%	約 55%	約 75%
トンネル ［約 1 万 1 千本］	約 22%	約 36%	約 53%
河川管理施設（水門等）［約 4 万 6 千施設］	約 10%	約 23%	約 38%
下水道管きょ［総延長：約 48 万 km］	約 5%	約 16%	約 35%
港湾岸壁 ［約 6 万 1 千施設（水域施設，外郭施設，係留施設，臨港交通施設等）］	約 21%	約 43%	約 66%

建設後 50 年以上経過する施設の割合については建設年度不明の施設数を除いて算出した．
国：堰，床止め，閘門，水門，揚水機場，排水機場，樋門・樋管，陸閘，管理橋，浄化施設，その他（立坑，遊水池），ダム．
都道府県・政令市：堰（ゲート有り），閘門，水門，樋門・樋管，陸閘等ゲートを有する施設及び揚水機場，排水機場，ダム

方不明者数の増加分は，32 年間で年平均約 900 人となり，この 2 つの震災の影響を除くと，死者・行方不明者数の年平均値は 150 人程度になる．

ところで，「高度経済成長期」に整備されたインフラの量が全体の中で大きな割合を占めている状況は図 0.4 に示した施設だけではなく，ほかの多くのインフラでも当てはまる．図 0.5 は，全国の橋梁施設の整備状況であるが，多くの施設がこの期間に整備されていることがわかる（国土交通省 HP）．ある時期に集中的に整備された施設は，ある時期に集中的に老朽化を迎える（表 0.4）．現在の少子高齢人口減少や財政的な制約を考えると，老朽化が進むインフラのメンテナンスの問題は非常に深刻である．

0.6 国難（級）災害の危険性と被害の規模，そして対応上の課題

首都直下地震と南海トラフ沿いの巨大地震による短期・長期の被害

2011 年に発生した東日本大震災の被害は甚大で，その影響は福島県を中心に依然として続いているが，21 世紀の半ばまでに発生する危険性が高い首都直下地震や南海トラフ沿いの巨大地震（東海・東南海・南海地震やこれらの連動地震）は，東日本大震災と比較して，はるかに大きな被害を及ぼす可能性が高い．理由は，首都圏では，脆弱な木造家屋が密集した地域が多く，

これらの地域は揺れによる被害とその後の延焼火災の危険性が高いこと，湾岸地域では液状化現象が発生する危険性が高いうえに，長周期地震動の影響を受けやすい石油コンビナートをはじめとする各種プラントや火力発電所などが林立していること，などである．さらに，南海トラフ沿いの巨大地震は東北地方太平洋沖地震に比べて震源域が陸地に近いこと，太平洋岸の大都市群が災害危険度の高い低平地に立地していること，などである．

このような状況を背景に，政府の中央防災会議は，首都直下地震では被害総額約 95 兆円，避難者数 700 万人，死者数 2.3 万人，南海トラフ巨大地震では被害総額約 220 兆円，避難者数 430 万人，死者数 32 万人になると試算している（中央防災会議，2013a，b）．しかし，これらの被害想定は発災から数日後までの被害，すなわち津波や延焼火災までを対象としたものである．そこで土木学会は，2018 年に 20 年間の長期的な経済損失を試算したが，その被害総額は直接被害と合わせて，首都直下地震で 855 兆円，南海トラフ巨大地震で 1,541 兆円である．この被害規模は，現在のわが国の国家予算や GDP と比較しても著しく大きく，国の存続さえも危ぶまれる「国難（級）災害」の規模になる（土木学会，2018）．

国難級災害からの復旧・復興における「21 世紀型いざ鎌倉システム」の提案

わが国は，多様な災害が多発する災害大国ではあるが，過去の災害経験に学び，さまざまな対策を講じることで被害を軽減し，経済発展を遂げた．そして，それらの経験を活用して，諸外国の防災対策を支援する活動を実施してきたことから，多くの日本人は，防災における国際連携を日本が諸外国を支援する文脈でとらえている．

しかし，現在にいたって，この考えは正しくない．もちろん，依然として，日本が諸外国を支援できる部分もあるが，諸外国からの支援を適切に受け入れる仕組みや体制を整えないと，国難級災害には対応できないことを強く認識すべきである．わが国は，関東大震災の後も第二次世界大戦の後も，諸外国や国際組織からの支援を受けて復興したのだ．

筆者は東日本大震災よりもずっと前から，大規模災害発生時の復旧・復興工事に対して，求められる技術者の質と量が圧倒的に不足することを懸念し，国際連携に基づく「21 世紀型いざ鎌倉システム」の構築を訴えてきた．

わが国の建設投資は，1992 年度の 84 兆円（GDP は 477 兆円）がピークである．その後は大規模プロジェクトに直接関わった技術者もスキルの高い重機のオペレータたちも引退し，建設市場の規模は東日本大震災直前の 2010 年度には，ピーク時の 50% 程度（42 兆円，GDP は 479 兆円）まで減少した．建設技術は現場がなければ，進展はもちろん，維持さえも難しい．しかも人数が激減している状況で，大規模災害で急に膨大な仕事が発生したとしても，これに対応することは無理である．

かつて世界の建設業でトップに名を連ねていた日本の企業は，現在（2020 年）では世界第 10 位の鹿島建設が最上位で世界のシェアは 0.14%，次は 12 位の大成建設（同 0.13%），次が 13 位の清水建設（同 0.11%）である．世界のトップ 4 社は中国の企業で，世界のシェアは上位から，1.85%，1.16%，1.08%，0.74% である（デジコン，2022）．1 桁の差がある．現在は国内のみで大規模プロジェクトを求めることは難しいので，アジアや中東，北アフリカやヨーロッパなどの海外を含めて，チームジャパン（ゼネコン中心のチーム）として大規模プロジェクトを取りに行く．チームには若い有能な技術者を入れ，その現場で技術の維持や進展を図る必要がある．さらに，わが国の下につく国々の技術者の技術力アップとシンパシーづくりが重要だ．日本のインフラ輸出は，日本の将来の災害対策としても重要であることを認識し，政府もチームジャパンを支援する制度などを創設してバックアップすべきだ．そのうえで，「日本は 2xxx 年ごろまでに，国難級災害に襲われる可能性が高い．それが起こった際には，次のような条件で日本を支援して欲しい」という契約を，事前に結ぶくらいのことをしておかないと（著者はこのような仕組みを「21 世紀型いざ鎌倉システム」と呼んでいる），対応の人的資源が不足するだけでなく，発災後の経費も諸外国に大幅に流出することになる．

東日本大震災発生時の復旧・復興工事の実態

東日本大震災の被害は，国難級災害と呼ばれる首都直下地震や南海トラフ沿いの巨大地震での被害予測に比べれば，はるかに規模は小さいと思われるが，その復旧・復興過程では，さまざまな課題が発生した．被災地内で甚大

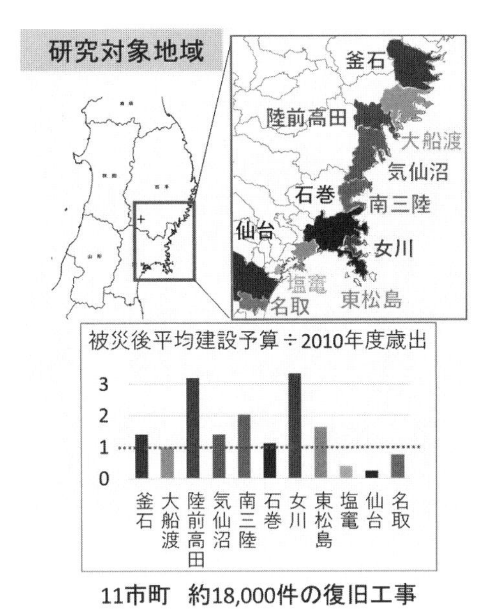

図 0.6　東日本大震災の復旧工事の実態（目黒・伊藤，2020）

な被害を受けた 11 市町（図 0.6）を対象に，筆者らが調査した約 1 万 8,000 件の復旧工事の分析結果からは，懸念していた技術者の質と量の不足に加え，復旧・復興工事を作り管理する行政職員も大幅に不足していたことがわかった（目黒・伊藤，2020）．被災市町村では，職員も被災していたことから，平時よりもマンパワーが不足していたため，直後は復旧工事の発注業務も滞った．図 0.6 の下図からもわかるように，地域によっては，復旧工事額は自治体の年間予算額と同等，あるいはその何倍にもなったが，そんな規模の予算を扱ったことのない職員が対応することは容易ではない．また，外部から多くの支援者が被災自治体に入って業務を支援したが，大人数の管理などしたことのない職員はその対応に窮してしまった．

外部支援による担当職員の増員は功を奏し，何とか入札件数を増やすことはできた．ただし，落札件数は大きく変化せず，入札件数を調節しても不調率が下がりきらず，地元企業比率が低下し，工種ごとにピークの時期が異なる，などの各種の新たな課題が発生した．これらの事実からは，被災地域全体で受注可能な工事件数が上限に達し，他地域からの応援への依存度が高ま

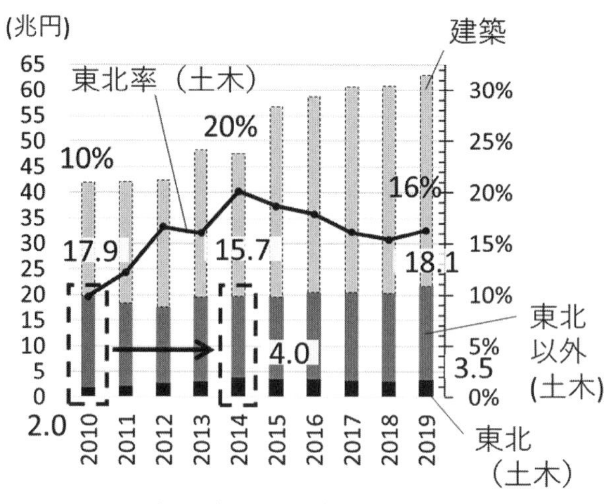

図 0.7　建設投資の変化と内訳（目黒・伊藤，2020）

ったこと，一部工種への需要集中が不調を引き起こしたこと等が判明し，市町村別・被災地全体での需要分散がコントロールできていなかったことがわかる．

そもそも，平成大合併で職員数が減っていた基礎自治体の職員にとって，外部からの多数の支援職員や平時の数倍から数十倍もの額の工事を管理することは困難であった．この状況は，今後，全国の大災害の現場で出現する課題と予想されることから，改善策を早急に構築する必要がある．

図 0.7 にわが国全体の建設市場の推移を示す．すでに前項で説明したように，東日本大震災の直前の 2010 年度のわが国の建設市場の規模は 42 兆円であり，土木と建築の市場規模はほぼ半分ずつであった．これが東日本大震災後に大きく増加し，2019 年度には 63 兆円まで増加するが，増加分は建築系であり，土木系の規模は 20 兆円規模を保っていた．

次に土木関係の工事費における各都道府県の割合を，東日本大震災と南海トラフ巨大地震の被害を対象にみてみる．東日本大震災は実際の被害，南海トラフ巨大地震は政府中央防災会議の推定（中央防災会議，2013a）による被害に基づいている．東日本大震災では，とくに被害の大きかった岩手県，宮城県，福島県の 3 県を対象に，2010 年度の全国の土木工事費に占める割合

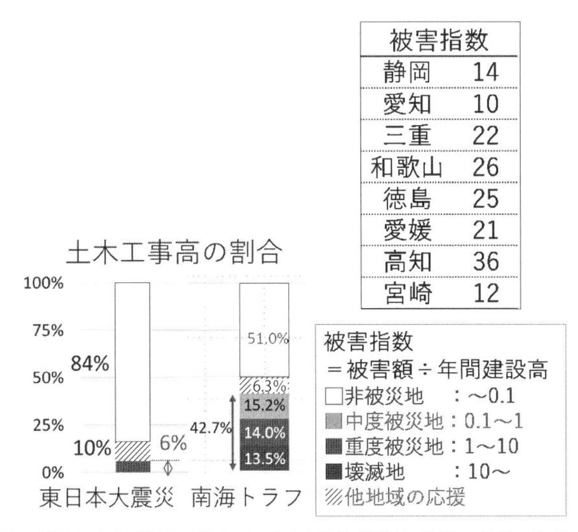

図 0.8 東日本大震災と南海トラフ巨大地震災害の比較（目黒・伊藤，2020）

を求めた結果，上記の3県の土木工事額は全国の6.3%であった．次に，外部からの支援がピークであった2014年度に，上記の3県で実施されていた土木工事費を調べたところ，その合計は全国の土木工事費の16.3%（東北6県では，図0.7に示すように20.3%）であった．南海トラフ巨大地震に対しては，2010年度の全国の都道府県別の土木工事費の割合を，県別の被害指数（＝中央防災会議の予想被害額/対象県の年間建設額）を用いて分類し，被害指数が0.1以上になる被害の甚大な県を選別した．その結果，東日本大震災時の岩手・宮城・福島の3県と同等以上の甚大な被害が予想される県全体の土木工事費は，わが国全体の土木工事費の約43%を占めることがわかった（図0.8）．

東日本大震災では，激甚被災地の3県を除く約94%の地域から，10.0%の復旧工事の支援が行われて，福島県の放射能汚染で復旧工事が実施できなかった地域を除いた復旧工事が約10年でほぼ完了した．南海トラフの巨大地震時には，激甚被災地以外の約57%の地域からの支援を受けたとしても，どの程度の復旧時間を要するのだろうか．状況がはるかに厳しくなることは明らかである．

0.7　まとめ

ここまでをまとめると，関東大震災がわが国に与えた真の影響は，「大正デモクラシーの世を一変させ，第二次世界大戦の終戦に向かう転換点になったこと」，「国家総動員で戦った戦争によって国土保全ができず，荒廃した国土では終戦後に大規模な自然災害が多発したこと」，「国際機関や他国からの支援を受けた震災復興と戦災復興が，自然災害による被害の軽減や国力の増進に貢献した一方で，首都圏への極度の一極集中を加速したこと」，「この一極集中が現在のわが国の多くの問題の本質的な原因であること」，「高度経済成長期に整備した社会インフラが現在老朽化の問題に直面していること」，などである．

災害に対する事前対策の費用は地元に落とすなどのコントロールが可能である．しかし復旧・復興費などの事後対策費は，阪神・淡路大震災でも，東日本大震災でもみられたように，災害後の財政的にとくに厳しい中で措置するにもかかわらず，地元に落とすことはできず，被災地をスルーして外部に流れる．最大の理由は，被災地の対応力が求められる能力に及ばないからである．

国難級災害となる可能性の高い首都直下地震や南海トラフ巨大地震の発生時には，日本をスルーして海外にお金が流れる可能性がある．これを改善するための方策は，質的・量的な対応力の確保と資金の流出を防ぐ意味でとても重要であるが，十分に認識されていないことが問題である．

人間は自分が想像できないことに対して備えたり，対応したりすることは絶対にできない．関東大震災をはじめとする過去の災害の全体像の把握と，今後の国内外の社会状況の変化の適切な予測に基づいたバックキャスト的な課題解決策の検討が必要だ．これが将来の被害軽減と災害を契機として社会全体が誤った方向に進まないために不可欠なことを，私たちは再認識すべきである．また，現在の少子高齢人口減少や厳しい財政的な制約を踏まえれば，今後のわが国の巨大災害対策は「貧乏になる中での総力戦」となる可能性が高く，そのような状況では意識改革が必要になる．

これからは，行政が公金を使って実施する従来型の「公助」防災の維持は不可能だ．「公助」の不足を補う「自助」と「共助」の実現とそれを維持する環境整備が不可欠である．しかし，「自助」や「共助」の担い手である個人や法人の「良心」や「道徳心」に訴える防災は限界である．この状況を打破する重要なキーワードが，「コスト（経費）からバリュー（価値）へ」と「フェーズフリー」である．従来は，行政も民間も災害対策をコストとみなしていた．しかし，これからの災害対策は，それを実施した個人や法人，地域や組織にバリューをもたらすものと考えることが大切である．また，災害は時間的にも空間的にも非常に限定的な現象（めったに起きないという意味）なので，災害時にしか役立たない対策への投資は厳しい．今後の災害対策においては，平時の生活の質や業務効率の向上が主目的で，それがそのまま災害時にも有効活用できるものにすべきである．これが平時と有事（災害時）のフェーズを分けないフェーズフリーな災害対策である．従来のコストと考える災害対策は「1回やれば終わり，継続性がない，効果は災害が起こらないとわからないもの」になるが，フェーズフリーでバリュー型の災害対策は「災害の有無にかかわらず，平時から組織や地域に価値やブランド力をもたらし，これが継続されるもの」になる．この意識改革に基づいた防災ビジネスの創造と育成，さらにこれらの魅力ある市場の形成と海外展開が重要と筆者は考えている．

これがハザードの規模や頻度が高まるわが国で，「公助」の不足をサステイナブルに補い，将来のわが国の災害軽減を実現する方法である．その意味では，「公助」も変わる必要がある．従来の公金を使って行政（国・都道府県・市町村）が主導する「公助」から，「自助」や「共助」が自発的に災害対策を推進しやすい環境整備としての「公助」への質的な変換である．

筆者は従来から，適切な防災対策の立案には，「災害イマジネーション」が必須であることを訴え続けている．災害イマジネーションとは，対象地域とハザードの特性，さらに発災時の季節や曜日，時間や天候などを踏まえ，発災からの時間経過に伴って，自分の周辺で起こる災害状況を正しく想像する能力である．これが重要な理由は，先にも述べた通り，人間は自分が想像できないことに対して，適切に備えたり対応したりすることが絶対にできないからである．関東大震災の被害は，全潰建物が約 11 万棟，全焼が 21 万 2,000 余棟，焼失面積は 44.7 km^2，死者・行方不明者は約 10 万 5,000 人であった．津波災害も発生している．当然，大量の災害廃棄物が発生したし，それが環境へ及ぼした悪影響も少なからずあったはずである．しかし，当時に記録された文献には，環境問題を指摘しているものはほとんど見当たらない．環境に対しての当時の意識の低さの表れであろう．自然はそのままの姿を後世に残すが，人間がかかわるものは，時代背景や記録者によるバイアスがかかる．記録として残っていないことが，即，そのような現象がなかったという意味ではないことに注意しなくてはいけない．

参考文献

国土交通省：社会資本の老朽化の現状と将来．https://www.mlit.go.jp/sogoseisaku/maintenance/02research/02_01.html
中央防災会議（2013a）南海トラフ巨大地震対策検討ワーキンググループ：南海トラフ巨大地震対策について（最終報告）．
中央防災会議（2013b）首都直下地震対策検討ワーキンググループ：首都直下地震の被害想定と対策について（最終報告）．
デジコン（2022）世界の建設会社ランキング TOP16．https://digital-construction.jp/column/323
土木学会（2018）レジリエンス委員会報告書「『国難』をもたらす巨大災害対策についての技術検討報告書」．
内閣府（2006）災害教訓の継承に関する専門調査会報告書，1923 関東大震災．
内閣府（2022）防災白書（令和 4 年版）．
目黒公郎（2023）『首都直下大地震—国難災害に備える』旬報社．
目黒公郎・伊藤 涼（2020）巨大地震津波災害の事前復旧プロセスの検討に向けた災害復旧工事の調査分析—東日本大震災から南海トラフ地震の復興へ．生産研究，72(4)，303-307．
諸井孝文・武村雅之（2002）関東地震（1923 年 9 月 1 日）による木造住家被害データの整理と震度分布の推定．日本地震工学会論文集，2(3)，35-71．

Murao, O. *et al.* (2023) Reconsideration of Urbanization in Tokyo Metropolitan Area since 1923 Great Kanto Earthquake from the Perspective of Exposure. *J. Disaster Res.*, 18(6)，611-631.

第Ⅰ部
関東大震災の全体像

1　関東地震のメカニズム
——過去の発生履歴と将来の発生確率

佐竹健治

1.1　1923年大正関東地震

関東地方の地下には，東から太平洋プレートが，南からはフィリピン海プレートが沈み込んでいる（図1.1左）．首都東京の地下には深さ約30 kmにフィリピン海プレート（の上面）が，深さ約80 kmには太平洋プレートが存在するという，非常に複雑な地下構造をしている．このため，関東地方ではさまざまな深さで異なるタイプの地震が発生する（図1.1右）．

これらは，①地表付近の活断層で発生する地震，②相模トラフから沈み込むフィリピン海プレートの上面で発生する地震，③沈み込んだフィリピン海プレート内，④沈み込む太平洋プレートとフィリピン海プレートとの境界，⑤沈み込んだ太平洋プレート内で発生する地震に分類できる．これらのうち③，④，⑤を直下型地震と呼ぶこともあるが，地震学的には直下型地震についての明確な定義はない．上記のうち，プレート間地震である②が最大マグニチュード（M）8クラスの規模となるが，ほかのタイプは最大でもM7クラスである．

関東大震災を起こした1923年9月1日の関東地震（M 7.9）は，沈み込むフィリピン海プレートの上面における断層運動によって発生した（タイプ②）．江戸と東京で発生し，多くの犠牲者を出した大規模な被害地震として，1855年11月11日（安政二年十月二日）の安政江戸地震（M 6.9）や1703年12月31日（元禄十六年十一月二十三日）の元禄関東地震（M～8）が知られている．安政江戸地震は，フィリピン海プレートの内部で発生（タイプ③），元禄関東地震は，大正関東地震と同じタイプ②と考えられている．

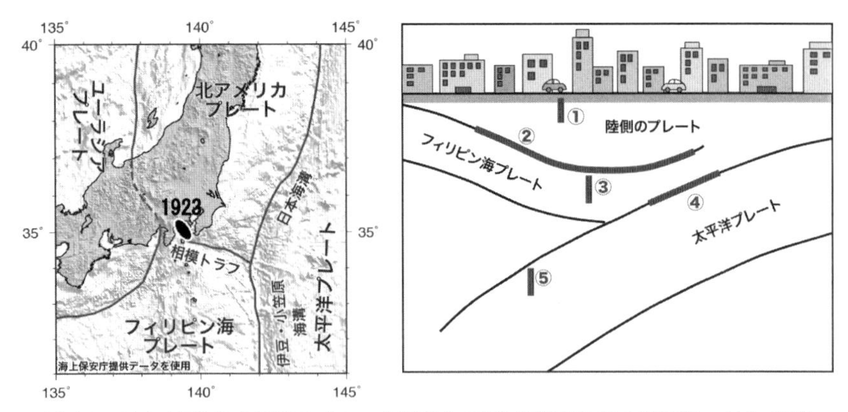

図 1.1 （左）関東地方周辺のプレート境界と 1923 年関東地震の震源域.（右）関東地方の地下構造の概念図と地震のタイプ.（ともに地震調査委員会, 2004 による）

関東大震災は, 犠牲者数 10 万 5000 人という日本で最悪の地震被害であった. この震災については, 内務省社会局によってまとめられた『大正震災志』(1926, 全 2 巻）や『震災予防調査会報告』第百号（甲～戊五巻）に, 各地の被害の集計や観測記録が残されている. 諸井・武村（2002, 2004）は, これらの報告書を詳細に検討し, 市町村別, 被害要因別の犠牲者や住家の倒壊率のデータベースを構築した.

10 万を超える死者のうち, 約 6.6 万人は東京市, 約 2.5 万人が横浜市で発生した火災による焼死者であった. なかでも, 東京市本所区の被服廠跡には, 約 4 万人が家財道具を持って避難していたところ, 午後 4 時ごろに発生した火災旋風によって, そのほとんどが焼死した. 地震後の火災はほぼ 2 日間延焼し, 旧東京市 15 区のほぼ東半分が焼け野原となった.

各地の震度は住家の倒壊率から推定される（諸井・武村, 2002). 具体的には, 全潰率が 70% 以上は震度 7, 10-30% が震度 6 強, 1-10% が震度 6 弱, 0.1-1% が震度 5 強, 0.1% 以下で住家倒潰の報告があった場合は震度 5 弱とされた. こうして作成された震度分布図（図 1.2 左）によれば, 神奈川県小田原市付近から湘南海岸沿いに三浦半島まで, と房総半島南部で建物の被害が大きく震度も 7 に達していたこと, 東京都内では震度 5 から 6 程度であったことがわかる. 地震の揺れの大きさの分布は, 火災による犠牲者の分布と

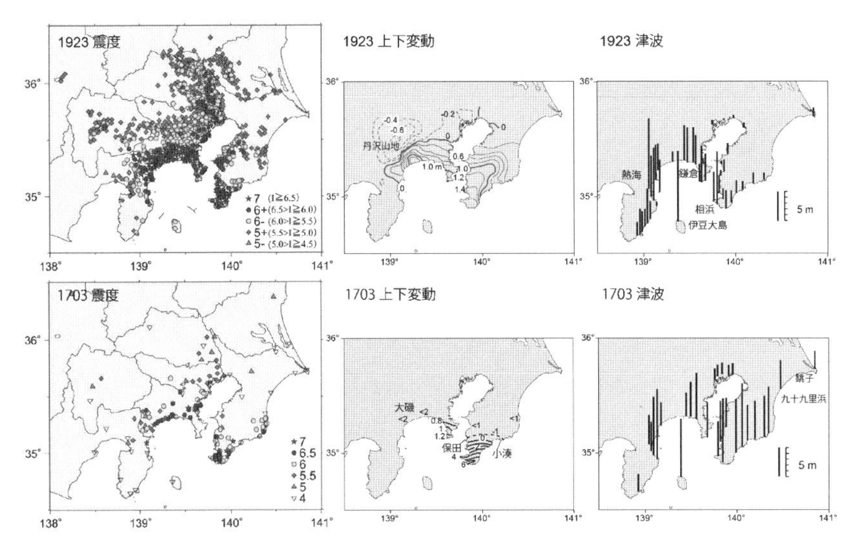

図 1.2 1923 年大正関東地震（上）と 1703 年元禄関東地震（下）の，震度分布（左），地殻変動（中央），津波高さ（右）．(震度分布は，神田・武村，2007，地殻変動は宍倉，2003，津波は羽鳥ほか，1973 に基づく)

は大きく異なっているのだ．

大正関東地震前後の地殻変動は，陸軍陸地測量部（現在の国土地理院）によって測量・記録され，『大正十二年関東震災地垂直変動要図』としてまとめられている．これらは，国道などに沿った水準測量に基づく上下変動と，山の頂上などの三角点を使った三角測量に基づく水平変動である．上下変動をみると，湘南海岸，三浦半島や房総半島の南端で最大 2 m 近く隆起し，湘南海岸の山側（丹沢山地）で最大 1 m 近く沈降した（図 1.2 中央）．三浦半島の油壷などの検潮所（潮位変化を記録する観測点）でも約 1.4 m の海面変化が記録されている．

大正関東地震は津波も引き起こした（羽鳥ほか，1973）．熱海や伊豆大島までは最大 12 m，房総半島南端の館山付近で最大 9 m の津波が報告されている（図 1.2 右）．伊東では，川をさかのぼった津波によって漁船が大川橋まで運ばれた．鎌倉では潮が引いた際は数百 m 沖合まで海底が露出し，遡上した際には高さ最大 7-8 m，海岸から長谷の大仏までの距離の半分程度まで達した．そのほか，東京湾内や関東地方の検潮所でも器械記録として観測されているが，その大きさは潮汐の干満差（2 m 程度）よりも小さかった．

東京都と近隣の県の広い範囲で液状化が発生した（中央防災会議，2006）．東京湾沿岸の干拓地や埋立地では，噴砂・噴水が起き，灯台，レンガ作りの倉庫，岸壁などに被害が発生した．震源域に近い相模川下流の茅ヶ崎市では，液状化によって水田から鎌倉時代の橋脚とされる木柱が抜け出した．震源域から遠く離れた埼玉県の中川低地（春日部市・越谷市など）では，古利根川や元荒川などの河川が形成した沖積低地において，地割れや噴砂が数多く発生，激しい液状化により用水路が砂で埋まり，洪水が発生した．

震源域に近い神奈川県の山地や丘陵地では多くの土砂災害が発生した（中央防災会議，2006）．なかでも，小田原市の根府川では，地震の揺れによって箱根外輪山の斜面が崩壊し，白糸川を土石流として流下し，46 戸，400 人強が埋没した．また，根府川駅では，駅背後で発生した地すべりによって停車中の列車が乗客 200 人とともに海中まで押し流された．

1.2　大正より前の関東地震

1703 年元禄地震

1703 年 12 月 31 日（元禄十六年十一月二十三日）に発生した関東地震は，元禄関東地震と呼ばれる．器械による計測データはないが，歴史記録などから，地震の揺れの大きさ，沿岸の隆起，津波の高さ分布が推定されている．強い揺れは広い範囲で記録されたが，相模湾沿いと房総半島南部で最も強く（震度 7 相当），2000 人以上の死者を出した（地震調査委員会，2014）．房総半島でも津波による被害が大きく，犠牲者は 6000 人を超えた．死傷者総数は少なくとも 1 万人と推定される．これらに基づき，宇津（1999）は M 8.1，宇佐美ほか（2013）は M 7.9-8.2 としている．

三浦半島と房総半島で海岸の隆起が記録されている（図 1.2）．相模湾や三浦半島周辺の隆起量は 1923 年の大正地震と同程度であったが，房総半島南端の隆起量は 4-6 m と 1923 年の隆起量よりも大きかった（宍倉，2003）．房総半島南端の隆起は海成段丘として保存され，沼 IV 段丘として知られている．1923 年の地震とは異なり，房総半島の沿岸部の一部（保田や小湊周辺）

は沈降したようである（宍倉，2003）．

相模湾周辺の津波の高さは1923年の大正関東地震と同程度であった（図1.2）．東京湾では，1703年の津波高さは最大2 mと，1923年よりやや大きかった．房総半島南部と東部沿岸では，1703年の津波高さは1923年よりもはるかに大きく，大きな被害をもたらした．九十九里浜では，津波は海岸から1.5 kmまで浸水し，1000人の死傷者を出した（都司，2003）．津波の高さは5 m程度と推定されていたが（羽鳥ほか，1973），もっと大きかったかもしれない．Yanagisawa & Goto（2017）は銚子の史料を調査し，津波の高さが10 mを超えることを報告した．

1495年明応地震

この地震は1495年9月3日（ユリウス暦），明応四年八月十五日（和暦）に発生した（図1.3右上）．この地震が関東地震である可能性については議論があり，マグニチュードは推定されていない．『鎌倉大日記』によれば，鎌倉で強い揺れと津波が発生，大仏殿が破損し，200人が溺死した．また，同日に京都での揺れが『後法興院記』や『御湯殿上日記』に記録されている．武者（1941）は，この地震を鎌倉の地震としたが，その後，上記の鎌倉の記述は，1498年（明応七年八月二十五日）に発生した南海トラフ沿いの東海地震（M 8.2–8.4）（宇佐美ほか，2013）であり，日付の写し間違いの可能性があるとされた．近年，上記の信頼性が確認され，本地震は1498年東海地震とは独立した地震と考えられている（金子，2016；Ishibashi, 2020）．金子（2016）は伊豆半島東岸の宇佐美の標高7.8 mの遺跡で発見された15世紀の津波堆積物が関東地震の証拠であるとしている．

1433年永享地震

1433年10月27日（ユリウス暦），和暦では永享五年九月十五日夜（十六日未明）に発生した地震（図1.3左上）．宇津（1999）はM 7，宇佐美ほか（2013）はM ≥ 7.0と推定した．『鎌倉大日記』『神明鏡』など複数の独立した史料が，関東地方の広い範囲で感じられた地盤の揺れ，鎌倉とその周辺地域の寺社の地すべりや揺れによる被害，多くの死傷者，20日間続いた余震に

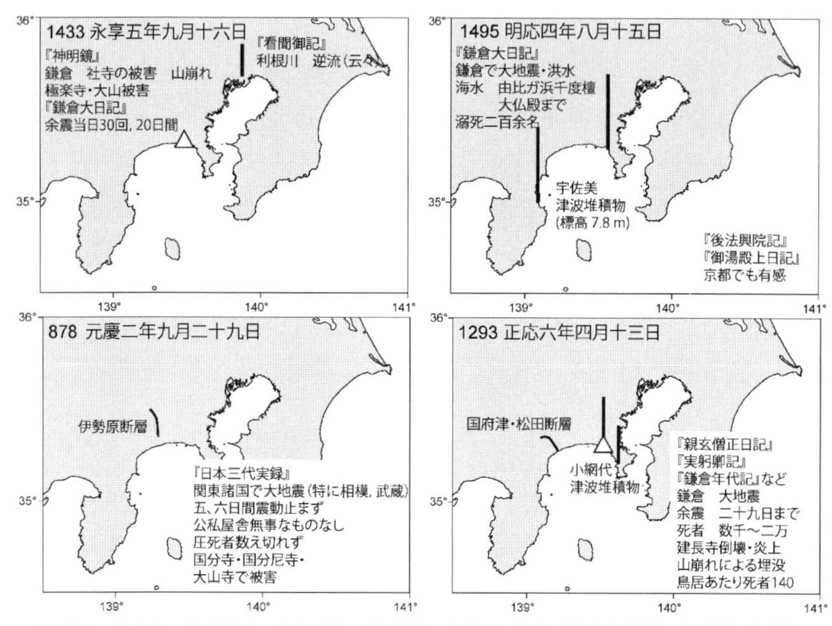

図 1.3　878 年，1293 年，1433 年，1495 年の地震に関する歴史記録の記載と地質学的痕跡．（Ishibashi, 2020；石橋，2023 に基づく）

ついて記述している．京都で記録された『看聞御記』には，東京湾の利根川で水が逆流したという伝聞記事があり，これが津波を示すとすれば，関東地震とも考えられる．ただし，津波の被害については記録がない．石橋（2023）は，複数の文献があること，より広い範囲で揺れたこと，余震があったことなどの観点から，1495 年の地震よりも 1433 年の地震の方が関東地震の可能性が高いと結論づけている．

1293 年正応地震

1293 年 5 月 20 日（ユリウス暦），正応六年四月十三日に発生した地震（図 1.3 右下）．この年の八月五日に「正応」から「永仁」に改元されたため，「永仁地震」と呼ばれることもある．宇津（1999）は M 7.5，宇佐美ほか（2013）は M≈7.5 と推定している．この地震は鎌倉時代に発生したため，『親玄僧正日記』『実躬卿記』『鎌倉年代記』などの多くの同時代史料に地震被害の詳細が記されている（Ishibashi, 2020）．長く続く強い揺れによって，多くの寺社や家屋が倒壊した．建長寺が転倒・炎上し，土砂崩れでいくつかの寺院が埋まった．余震も1週間ほど続いた．海岸近くの鳥居付近では津波による溺死者と思われる死者が140人出た．犠牲者の総数は数千人から2万3000人と報告されている．三浦半島の小網代湾における津波堆積物調査では，3枚の津波堆積物層が確認された（Shimazaki *et al.*, 2011）．上位の2枚は1923年と1703年の関東地震による津波を示し，3枚目の層は西暦1060～1400年の間の年代を示すことから，1293年の関東地震による津波であるとされた．

878年元慶地震

この地震は878年10月28日（ユリウス暦）または元慶二年九月二十九日（和暦）に発生し，M 7.4と推定されている（図1.3左下）（宇津，1999；宇佐美ほか，2003）．『日本三代実録』によると，この地震は相模，武蔵を中心に関東諸国で大きな揺れをもたらし，余震は数日間続いた．地盤陥没が起こり，家屋の倒壊で多くの農民が亡くなった．この地震は，伊勢原断層の活動によると考えられていたが，Ishibashi（2020）は，伊勢原断層（長さ20 km）で発生する地震よりもはるかに大きく，津波についての記録はないものの，おそらく関東地震であったとした．

1.3　将来の関東地震・首都直下地震の発生確率

地震の長期予測

将来発生する地震を予知あるいは予測するには，いつ（時期），どこで（場所），どのくらいの規模か（M）の三要素を特定する必要がある．関東地震は相模トラフ沿いで発生し，その規模はM 8クラスと，場所と規模は特定できるが，時期を正確に予測するのは難しい．時期の予測に関しては，大きく分けると，長期予測（数年から数十年程度の時間スケール）と短期（直前）予知（数時間から数日程度の時間スケール）とに分けられる．緊急地震速報や津波警報は，地震が発生してから，その情報を短時間で捉えて処理す

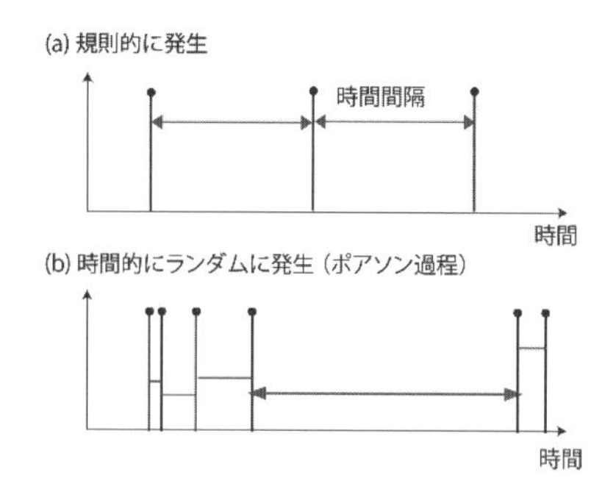

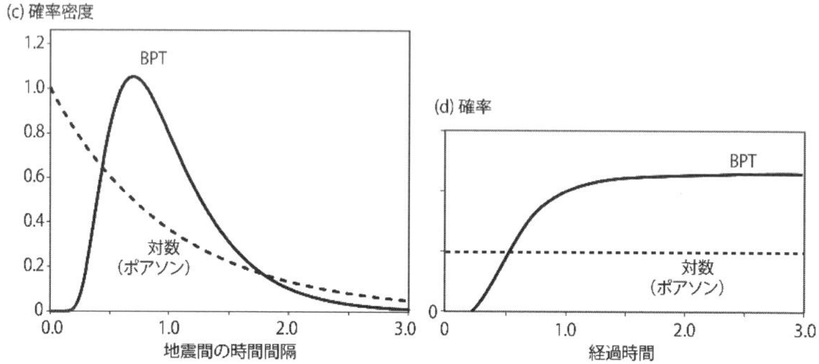

図 1.4　地震の発生過程の模式図.（a）更新過程,（b）ポアソン過程.（c）確率密度関数,（d）地震発生確率の時間変化.

ることにより，大きな揺れをもたらすS波や津波が到達前に警報を出すもので，地震の発生を予知するわけではない．数時間から数日という短期（直前）予知については，理論やモデルは確立しておらず，確定論的に行うことは不可能というのが内外の地震学コミュニティの共通理解である．

地震発生の長期予測は過去に発生した地震の履歴に基づく．プレート境界や内陸の活断層では大地震が繰り返し発生しているので，これらの履歴を調べることにより次の地震までの時間，あるいは一定の時間内の発生確率を予測しようというものである．このためには，決められた地域において，予測したい規模以上の地震を選択し，地震の規模や発生日時のカタログを作成する．そして，ある地震と次の時間までの時間間隔を変数として，頻度をプロットしたときに，ある範囲に集中していれば，それを平均値として地震が繰り返していることになる．

地震が時間的にランダムに発生する場合（ポアソン過程と呼ぶ）は，地震の発生時間間隔はピークを持たない対数型の分布になる（図 1.4）．地震間の時間間隔が短いものほど多く，長くなるにつれて少なくなるからである．一方，大地震の多くは，特定の時間間隔で繰り返しており，平均繰り返し間隔にピークを持つような確率密度関数で表現できる．よく使われるのは，対数正規分布や BPT（Brownian Passage Time）モデルというものであるが，実用的にはこれらの 2 つはほぼ同じ関数形をしている．地震発生間隔の平均値，そのばらつき，そして最後に発生した地震からの経過時間の 3 つのパラメターがわかれば，今後のある期間（たとえば 30 年間）にターゲットとした地震が発生する確率を計算することができる（図 1.4）．BPT 分布の場合，地震が発生した直後は次の地震が発生する確率は低いが，次の地震に向かって時間とともに確率は上昇する．一方ポアソン過程の場合には，時間的にランダムに発生するという仮定から，地震の発生確率は，前の地震の直後でも，長時間経過した後でも変わらない．

関東地方の地震の長期予測

関東地方で将来に発生する地震については，政府（文部科学省）の地震調査委員会によって 2004 年と 2014 年に長期評価がなされている（表 1.1）．相模トラフの M 8 級地震（関東地震）について，2004 年の評価では，1923 年大正型地震（発生間隔 200-400 年）と 1703 年元禄型地震（発生間隔 2300 年）とに区別して，それぞれの発生間隔・最新活動時期から，更新過程（BPT モデル）に基づき，2004 年以降 30 年間の発生確率を計算した．最後の地震からの経過時間がそれぞれ 81 年，301 年であったことから，30 年確率はともにほぼ 0% であった．

東日本大震災後に見直された 2014 年の評価（第二版）では，大正型・元禄型に二分することはせず，これらの違いは繰り返す地震の中の多様性（ばらつき）であるとした．そして，関東地震（相模トラフのプレート間地震）の震源域を推定し，その面積から，最大クラスの規模は M 8.6 であるとした．発生間隔は 180-590 年程度として，過去の地質学的データに基づき，2014 年から 30 年間の発生確率を 0-5% とした．

表 1.1　地震調査委員会（2004, 2014）による相模トラフにおける地震の長期評価

	相模トラフのＭ８級地震	Ｍ７級（首都直下）地震
2004 年評価	元禄型（M 8.1 程度）ほぼ 0% 大正型（M 7.9 程度）ほぼ 0-0.8%	M 6.7-7.2　　70% 程度 （1885-2004 年に 5 回発生）
2014 年評価	M 7.9-8.6　　ほぼ 0-5%	M 6.7-7.2　　70% 程度 （1703-1923 年に 8 回発生）

地震調査委員会の長期評価ではＭ７級の地震（首都直下型地震）についても,「プレートの沈み込みに伴うＭ７程度の地震」として評価されている. 多くの深さ・タイプ（図 1.2 の③〜⑤）の地震をまとめて評価するため, 地震は時間的にランダムに発生するというポアソン過程に基づき, 30 年確率を計算した. 2004 年評価では, 地震の器械的記録が残る 1885-2004 年にＭ７クラスの地震が 5 回発生していることから, 平均発生間隔を 23.8 年とし, 30 年発生確率は約 70% と推定された. ただ, これらのうち 4 回は 1923 年関東地震前の 1894-1922 年に発生しており, 1923 年以降は, 1987 年千葉県東方沖地震（M 6.7）しか発生していないことから, ランダム性の仮定は無理があるという批判があった.

そこで, 2014 年評価では, 1703 年元禄関東地震と 1923 年の大正関東地震の２つのプレート間地震の間に発生した地震を考慮した. 前半（元禄関東地震の直後）は比較的静穏なのに対し, 後半（大正関東地震に近づく）につれて活発になっている. 地震の発生間隔は 1 年未満〜71 年と大きくばらついているが, 230 年間に 8 個だと平均は 27.5 年となる. ポアソン過程に基づくと, 今後 30 年間の発生確率は 70% となる.

関東地震の発生履歴と将来の発生確率

前節で述べた関東地震の新たな候補を加えると, 将来の発生確率はどう変化するのであろうか？　前節で述べた関東地震の候補の組み合わせを変えて, 今後 30 年間の発生確率とその時間変化を計算してみた（Satake, 2023).

地震調査委員会（2014）と同様に 3 地震（正応, 元禄, 大正）を選んだ場合, これらに明応あるいは永享を加えた 4 地震, さらに 6 地震すべてを使った場合について, 今後 30 年間の発生確率（BPT）を図 1.5 に示す.

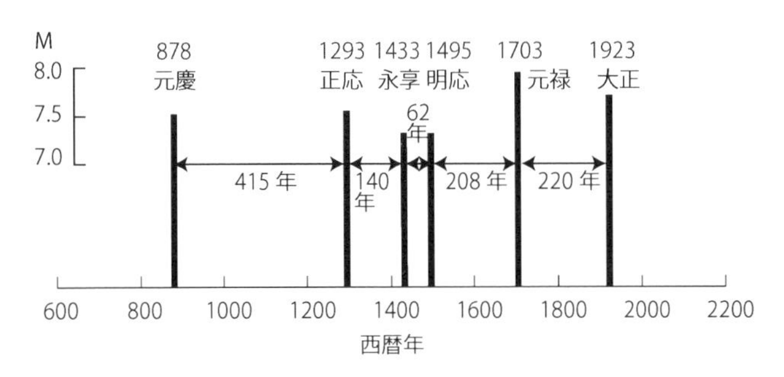

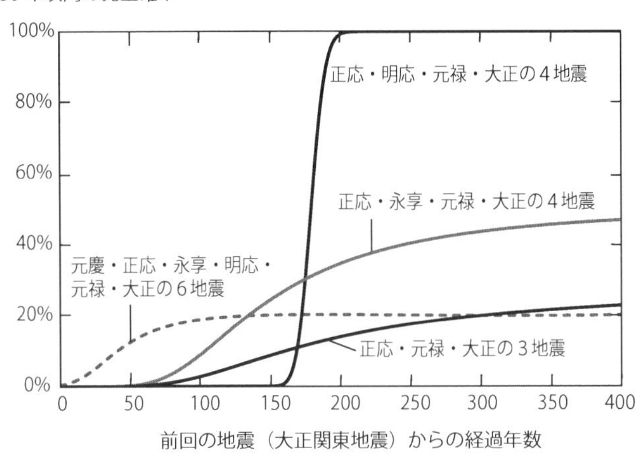

図 1.5　上は関東地震の候補の発生時と間隔．下は候補として採用する地震の組み合わせを変えた際の 30 年確率の時間変化．

正応，明応，元禄，大正の 4 地震を過去の関東地震と考えると，それらの平均発生間隔は 210±7 年となり，最も規則的である．この場合，今後 30 年間の発生確率は，前回地震から 160 年（西暦 2083 年ころ）まではほとんど 0% であるが，その後急に増加し，西暦 2127 年（前回地震から 204 年）ころにはほぼ 100% となる．一方，すべての 6 地震を考慮した場合，発生間隔は 209±117 年とばらつきが大きく，地震発生間隔の最短は 62 年（1433-1495 年）である．そのため今後 30 年間の発生確率は地震後すぐに増加し，現時点（地震発生後 100 年）ですでに 19% と，ポアソン過程（13%）よりも高い値を示す．

ほかの場合（3 地震，組み合わせを変えた 4 地震，5 地震）はこれらの中間的な値となる．歴史上のどの地震が関東地震であるか，とくに15世紀（明応または永享）の地震の特定によって，今後の発生確率は大きく変化する．

1.4　関東地震・首都直下地震の被害想定

中央防災会議（2013a）は，1923年の大正関東地震と1703年の元禄関東地震のモデルを提案し，震度と津波の高さを計算した．また，想定される最大規模の地震による震度や津波高さも計算している．計算された震度は，関東地方の大部分で強い地震動（震度6弱以上）を示し，東京都，神奈川県，千葉県南部で最大の震度7を示した．津波の高さは，M 8.7の3通りのモデルによれば，東京湾では3 m以下であるが，1703年の津波が高かった相模湾沿岸や房総半島南部・東部沿岸では10 mを超える．

関東地方のさまざまな場所と深さにおけるM 7クラスの地震（首都直下地震）によるハザード（震度と津波高さ）も中央防災会議によって計算されている．震度は，仮定した地震の震源付近で強い揺れ（震度6強）を示し，19のケースを合成した地図は，関東地方のほとんどが震度6強を経験することを示している．これらのM 7クラスの地震による津波の高さは低く，東京湾やその他の沿岸では1 m以下である．

推定されたハザードに基づき，国（中央防災会議）および地方自治体により，地盤の揺れ，火災，津波による建物および人的被害が推定された．中央防災会議（2013b）は，1923年の大正関東地震をモデルとして，最悪の場合，建物被害は最大133万棟，人的被害は最大7万人と推計している．M 7クラスの地震では，建物の被害総額は61万棟，死傷者数は2万3000人となる．大正関東モデルによる数値は，いずれもM 7クラスの地震シナリオの2倍以上である．1703年の元禄型モデルや最大クラスの地震では，さらに大きな数字が出る可能性がある．

東京都は，定期的に地震被害推計を見直しており，最新の推計は2022年に発表された（東京都，2022）．これによれば，大正型関東地震モデルによる建物被害は，東京都内で約5万5000棟，うち揺れによる被害が約2万8000

棟，火災による被害が約2万7000棟と推計されている．人的被害は約1800人と推定され，そのうち地盤の揺れによる被害は約1200人，火災による被害は約600人である．東京の真下で発生するＭ７クラスの地震による被害は，関東大震災の3倍以上と予想されている．Ｍ７クラスの地震による建物被害は，地盤の揺れによるものが約8万2000棟，火災によるものが約11万2000棟の合計約19万4000棟と見積もられている．これらの推定値は2012年の東京都の想定よりも減少しており，それは建物の補強，家具の転倒防止，火災防止などの効果によるものだとされている．これらの結果，人的被害も約9700人から約6100人に減少したが，それでも関東大震災の死者数を上回っている．そのため，首都圏ではＭ７クラスの地震への備えと対策が急務となっている．

引用文献

石橋克彦（2023）史料地震学からみた15世紀の相模トラフ巨大地震―1433年永享地震と1495年明応地震の検討．地震第2輯，76，195-218．
宇佐美龍夫ほか（2013）『日本被害地震総覧599-2012』東京大学出版会．
宇津徳治（1999）『地震活動総説』東京大学出版会．
金子浩之（2016）『戦国争乱と巨大津波―北条早雲と明応津波』雄山閣．
神田克久・武村雅之（2007）震度データから推察される相模トラフ沿いの巨大地震の震源過程．日本地震工学会論文集，7(2)，68-79．
宍倉正展（2003）変動地形からみた相模トラフにおけるプレート間地震サイクル．東大地震研彙報，78，245-254．
地震調査委員会（2004）相模トラフ沿いの地震活動の長期評価について，59 pp. https://www.jishin.go.jp/main/chousa/kaikou_pdf/sagami.pdf
地震調査委員会（2014）相模トラフ沿いの地震活動の長期評価（第二版）について，81 pp. https://www.jishin.go.jp/main/chousa/kaikou_pdf/sagami_2.pdf
中央防災会議（2006）災害教訓の継承に関する専門調査会1923関東大震災報告書 第1編．
中央防災会議（2013a）首都直下のＭ７クラスの地震及び相模トラフ沿いのＭ８クラスの地震等の震源断層モデルと震度分布・津波高等に関する報告書．https://www.bousai.go.jp/kaigirep/chuobou/senmon/shutochokkajishinmodel/
中央防災会議（2013b）首都直下地震の被害想定と対策について．https://www.bousai.go.jp/jishin/syuto/taisaku_wg/
都司嘉宣（2003）元禄地震（1703）とその津波による千葉県内各集落での詳細被害分布．歴史地震，19，8-16．
東京都（2022）首都直下地震等による東京の被害想定 報告書．https://www.bousai.metro.tokyo.lg.jp/taisaku/torikumi/1000902/1021571.html

羽鳥徳太郎ほか（1973）南関東周辺における地震津波．関東大地震50周年論文集，57-66，東大地震研究所．
武者金吉（1941）『増訂大日本地震史料』．
諸井孝文・武村雅之（2002）関東地震（1923年9月1日）による木造住家被害データの整理と震度分布の推定．日本地震工学会論文集，2(3)，35-71．
諸井孝文・武村雅之（2004）関東地震（1923年9月1日）による被害要因別死者数の推定．日本地震工学会論文集，4(4)，21-45．

Ishibashi K. (2020) Ancient and medieval events and recurrence interval of great Kanto earthquakes along the Sagami Trough, central Japan, as inferred from historiographical seismology. *Seismol. Res. Lett.*, 91, 2579-2589.
Satake, K. (2023) Recurrence and long-term evaluation of Kanto earthquakes. *Bull. Seismol. Soc. Amer.*, 113(5), 1826-1841. doi: 10.1785/0120230072
Shimazaki, K. *et al.* (2011) Geological Evidence of Recurrent Great Kanto Earthquakes at the Miura Peninsula, Japan. *J. Geophys. Res.*, 116, B12408.
Yanagisawa H., and Goto K. (2017) Source model of the 1703 Genroku Kanto earthquake tsunami based on historical documents and numerical simulations: modeling of an offshore fault along the Sagami Trough. *Earth, Planets Space*, 69, 136.

コラム1　大森 vs 今村論争

飯高 隆

地震の研究を行うものにとって，地震の予知・予測が可能になることは，大きな目標のひとつであろう．1923年の関東地震において話題となった大森・今村論争は，今も語り継がれている．この論争は，今でも地震の情報の発信において，その発信の仕方をどうしていくべきかの重要性を教えてくれる事例のように思われる．

大森房吉は，当時東京帝国大学地震学教室の教授であった．そのとき今村明恒は同じ地震学教室の助教授であり，歳の差はわずか2歳であった．小説で描かれるようなドラマチックな関東地震についての2人の論争は，今村明恒による雑誌『太陽』に掲載された記事に始まる．今村が1905（明治38）年の雑誌『太陽』9月号に掲載した記事では，過去に江戸で起こった被害地震について説明し，平均的に100年に1回の割合で発生していること，慶安二年と元禄十六年の間は54年で発生していることや，安政二年の地震から50年を経過していることから，震災予防について1日も猶予はないと警鐘を鳴らし，地震のさいに引き起こされる火災による災害を取り上げ，被害想定を行っている．

この記事は，そのときは大きな話題とならなかったが，年が明け東京二六新聞が，丙午年の都市の迷信にあわせてセンセーショナルな記事を掲載した．騒動は大きくならないように思えたが2月に東京湾に大きな地震が発生し，東京湾近郊での被害もあり，人々が大きな不安におちいった．そこに流言等も飛び交い大きな騒動になったと言われている．大森房吉にとっても，ひとたび地震が発生すれば甚大な災害をもたらすことは，重々承知していたであろうが，あまりに社会的に大きな騒動となってしまったため，その年の雑誌『太陽』の3月号で，今村の説を根拠の薄い「浮説」であると説き，厳しい言葉で今村の説を否定し騒動を沈めた．そのため，今村は世間からほら吹きとして嘲笑されるのである．

そして，『太陽』に発表してから18年後の1923年に関東地震が発生するのである．大森房吉は，近々発生する関東地震を予見することなく，オーストラリアのメルボルンで開催された汎太平洋学術会議に出席のため外遊していた．会議後訪問したシドニーのリバービュー天文台で，目の前に置かれた

大森房吉博士（左）と今村明恒博士（右）（それぞれ東大地震研究所，国立科学博物館所蔵）

地震計の針が大きく動くのをみて，そしてそれが東京近郊で発生した関東地震であることを知って愕然とする．帰りの船のなかで，そのとき罹患していた脳腫瘍が悪化し，病に伏せってしまう．その病に加え責任の大きさに苦しむ大森房吉を横浜港まで足を運び出迎えたのが今村明恒であった．

1905年の今村の記事は，地震発生についての記述もさることながら，地震発生時の火災の危険性を大きく示している．1923年の関東地震は，前日に九州に上陸した台風が日本海側に抜け，風の強い日であったこと，正午前の発生時刻で多くの家庭で昼食の準備で火を使っていたということが，大きな災害になった原因でもある．今村が懸念していた火事による被害が的中してしまったことになる．

さまざまな要因が重なって発生した騒動であるが，その原因のひとつに情報の伝え方がある．日ごろから地震災害に注意し，火災による災害を含めて考えておくことは重要である．迷信にあわせた情報の発信や流言飛語の飛び交う環境など，その情報の発信の仕方ひとつでセンセーショナルな騒動に変わってしまう．この論争は，災害の多い日本では情報の発信ということに十分注意を払いながら伝えることの重要性を教えてくれているように思われる．

参考文献

萩原尊礼（1982）『地震学百年』東京大学出版会．
山下文男（2002）『君子未然に防ぐ－地震予知の先駆者今村明恒の生涯』東北大学出版会．

2　大正関東地震の揺れを考える

三宅弘恵

2.1　震度6以上を100年経験していない東京都心と神奈川県

1923年9月1日に発生した大正関東地震の揺れは，気象庁によると最大震度6，諸井・武村（2002）の建物全潰率から推定される最大震度は7だったとされている．首都圏の広い範囲で大きな震度が推定されており，強い揺れに見舞われたことが伺える．その後，100年を経た今日まで，東京都心と神奈川県は震度6以上の揺れを経験していない．震度5強の揺れは，東日本大震災を引き起こした2011年東北地方太平洋沖地震を含めてわずか3回ずつ，しかも都県のごく数点にとどまっている．

図2.1は，大正関東地震より後に，全国の都道府県が経験した震度を示している．気象庁の震度データベースに基づき作成した．震度7は，1948年福井地震を受けて1949年に新しく設けられた．震度6と震度5は，1995年兵庫県南部地震を受けて1996年から「強」と「弱」に分けて表示されることとなった．

震度7を経験した都道府県は6つある．新しい順に，2024年能登半島地震による石川県，2018年北海道胆振東部地震による北海道，2016年熊本地震の前震と本震による熊本県，2011年東北地方太平洋沖地震による宮城県，2004年新潟県中越地震による新潟県，1995年兵庫県南部地震による兵庫県である．震度6強を経験した都道府県は半分に満たず，その多くは東日本に位置している．震度6弱，震度5強になるにつれて都道府県が増えており，震度が連続的に変化する側面を示している．最大震度が5弱の都道府県は5つあり，岐阜県，滋賀県，奈良県，高知県，沖縄県である．

(a) 震度 7

(b) 震度 6 強

(c) 震度 6 弱

(d) 震度 5 強

図 2.1 大正関東地震以降，都道府県が経験した震度（東京都島嶼部の最大震度 6 弱を除く）．気象庁震度データベースに倣い，震度 6 と震度 5 はそれぞれ，震度 6 弱，震度 5 弱として扱っている．

歴史地震まで含めると，岐阜県や滋賀県は 1896 年濃尾地震や 1586 年天正地震などで大きな震度を経験した可能性がある．もちろん，東京都心や神奈川県も 1923 年大正関東地震より前に遡ると，1894 年明治東京地震や 1855 年安政江戸地震をはじめ，大きな震度を経験したとされている．そのため，あくまで大正関東地震より後の直近 100 年間の経験震度と捉えていただきた

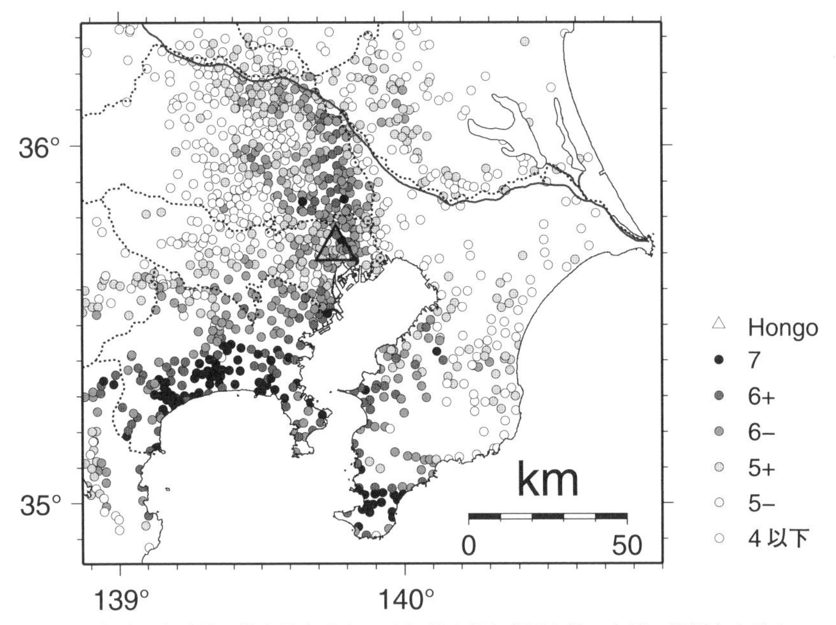

図 2.2 大正関東地震の推定震度分布．三角形は東京帝国大学・本郷の観測点を示す（諸井・武村，2002 に基づく石瀬ほか，2023 の数値化震度を使用；三宅・室谷，2023）．

い．

つまり，大正関東地震の震源域で生まれた人や建てられた家にとって，震度 6 以上の地震の揺れは報道や想定で見聞きするだけの未知の世界なのである．

2.2 大正関東地震の揺れ

では，大正関東地震の首都圏の揺れはどのようなものであったのだろうか．マグニチュード（M）8 クラスの関東地震と直後に発生した M 7 クラスのいくつかの余震による揺れは，住家の全潰率から推定された震度分布を手掛かりとして調査されており，諸井・武村（2002）および武村（2003）にくわしい（図 2.2）．神奈川県の小田原や千葉県の房総半島の先端部で震度 7 が推定され，都心は大局的に震度 5-6 に留まる．また，埼玉県の河川沿いで震度

表 2.1　大正関東地震の際に東京帝国大学（本郷）に設置されていた地震計（東京大学地震研究所）

名称	設置場所
今村式 2 倍強震計	地震学教室
今村式 1 倍強震計	地震学教室
ユーイングの円盤型記録式地震計	地震学教室
普通地震計（強震計）	地震学教室
普通地震計	地震学教室
大森式地動計（教室一号）	地震学教室
大森式地動計（教室三号）	地震学教室
大森式地動計（教室二号 A）	地震学教室
大森式地動計（教室二号 B）	地震学教室
簡単微動計	地震学教室
上下動地震計	耐震家屋
大森式地動計（耐震家屋一号）	耐震家屋
大森式地動計（耐震家屋甲号）	耐震家屋
大森式地動計（耐震家屋乙号）	耐震家屋
大森式微動計	耐震家屋
田中舘式地震計	地震学教室
Pantagraph	耐震家屋

6 程度が推定されている．気象庁によると，東京千代田区大手町（東京），横須賀観測所（神奈川），富崎測候所（千葉），甲府市飯田（山梨），熊谷市桜町（埼玉）で震度 6 が報告されており，首都圏の広い範囲が強い揺れに見舞われたと推察される．

しかし，強震動において最も重視される観測された揺れは，不確実な部分が多く，よくわかっていない．首都圏で，関東地震の揺れがおさまるまで計測が続いた地震計は，東京帝国大学（本郷）に設置されていた数多くの地震計（表 2.1）のうち，ユーイング円盤型記録式地震計と今村式 2 倍強震計であった（図 2.3）．これらの地震計は，当時の東京帝国大学平面図（図 2.4）の安田講堂の東側の地震学教室や耐震家屋に設定されていたようである（たとえば岩田・野口，2003）．

前者のユーイング円盤型記録式地震計は，地面の東西，南北，上下方向の 3 成分の揺れの大きさ（変位）をガラス円盤の上に載せた煤をぬった紙に記録した（Morioka, 1980）．地面が揺れ出したときに止め金が外れて円盤が回

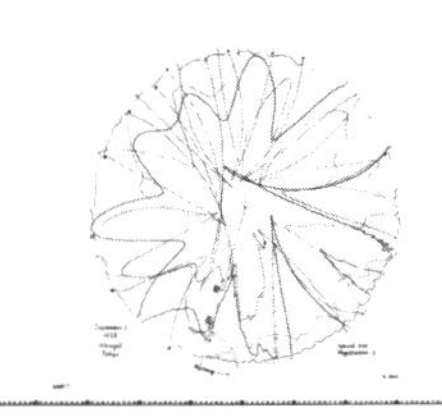

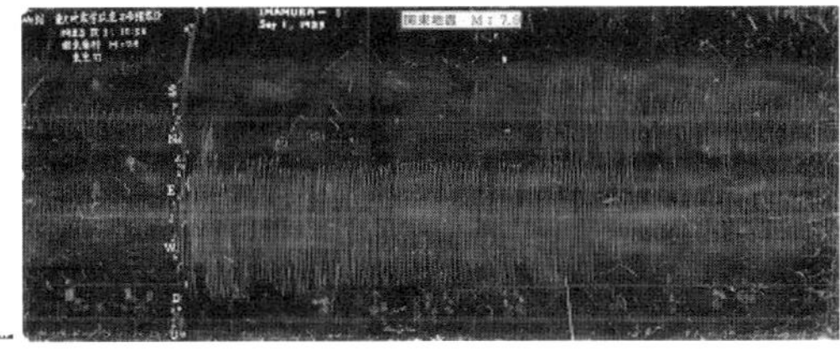

図 2.3 東京帝国大学（本郷）に設置されていた地震計（上段）と大正関東地震の地震記録（下段）．上段左：ユーイング円盤型記録式地震計（国立科学博物館所蔵），上段右：今村式 2 倍強震計（国立科学博物館所蔵），下段：ユーイング円盤型記録式地震計（左）と今村式 2 倍強震計（右）で観測された大正関東地震の地震記録（東京大学地震研究所）．

り出す仕組みのため，地震動のはじめのところは記録できず，地震計の振動などによって回転速度は一定しなかったと考えられる．そのため，仮定する円盤の回転周期や地震計の固有周期によって揺れの大きさの推定に幅があるとされているが，水平動 2 成分と上下動が一部振り切れているものの，止まることなく記録されている点で大変貴重である．この地震計には共振を抑えるための制振器（ダンパー）はついていなかったため，詳細な解析の際には注意する必要がある（翠川ほか，2022）．

後者の今村式 2 倍強震計は常時動き続けている地震計で，ドラムに煤をぬった紙を巻いて，3 成分の変位を記録した．東西動成分のみが，地震開始後数百秒にわたって後続動を含めて記録を続けたが，残念ながら最も強い揺れの部分は振り切れており，その後の地震計の振動実験などに基づき記録が復元された（横田ほか，1989）．そして，ある程度の不確実さが含まれているが，地震工学を中心とした各種解析に使用されてきた（たとえば Sato *et al.*, 1999）．

関東地方は，深さ 4 km に達する深い堆積盆地としてよく知られている．

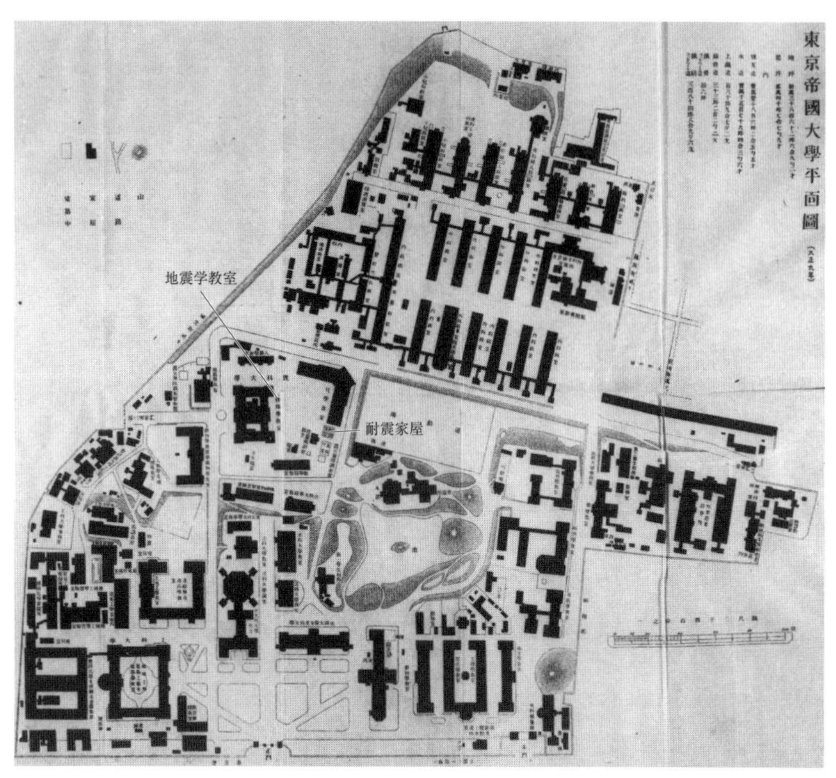

図 2.4　大正関東地震の際の東京帝国大学（本郷）の地図（東京帝国大学一覧　巻末付録）

このような盆地構造は，地震動を増幅させ，継続時間を複雑化させる．そのため，大正関東地震の震源の特徴と盆地構造による地震動の変動は，この地域で将来発生する地震に耐える構造物を設計する上で重要であり，大正関東地震の地震動シミュレーションが数多く行われてきたが，再現目標とする観測記録に不確実性が多く含まれている．このほか，首都圏に配置されていた多くの地震計は，地面の揺れを拡大して記録するための倍率が大きい地震計であり，地震によるＰ波初動は捉えているが，地震の開始数秒で振り切れている．また首都圏以外で地震の揺れの全容を捉えた地震記録は，国内と海外に，それぞれ数カ所確認されるのみである．

つまり，関東大震災の首都圏の震度は大きかったとされるが，地震の揺れ

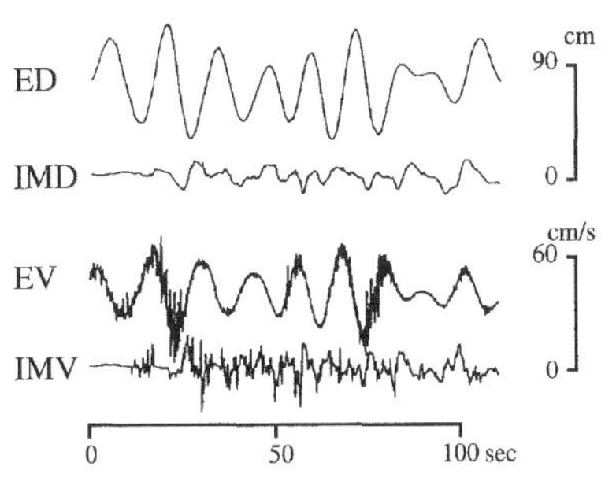

図 2.5 ユーイング円盤型記録式地震計（ED）と今村式２倍強震計（IMD）の地震動の比較例．上段が変位波形，下段が速度波形を示す（Takeo & Kanamori, 1997）．

の記録そのものは，東京本郷のユーイング円盤型記録式地震計と今村式２倍強震計の計測の大きな幅のなかにあり（たとえば Takeo & Kanamori, 1997），実はよくわかっていない（図 2.5）．古い地震計の回転時間・固有周期・固体摩擦値・減衰定数の推定は難しいため，複数の可能性を検討する必要がある．また，現在構築されている，数々の古記録データベースを利活用して，余震記録などから，関東地震の本震を改めて検討することも有用である．先に述べたように，本郷の推定震度は５弱とされている（諸井・武村，2002；武村，2003）．東京帝国大学の赤門や，周辺の根津神社や重要文化財などの倒壊せずに残っている情報が，揺れの推定幅を狭めるために役立つであろう．

2.3 将来の地震の揺れに備えるために

それでは，関東大震災級の揺れが首都圏で起きたら，どのくらいの被害が出るのだろうか？　また，首都直下地震では，どのくらいの揺れや被害が予測されているのだろうか？　公開されている地震被害想定にもとづき，関東大震災級の揺れを考える（図 2.6）．

首都圏で想定されている地震は，内陸で発生する地震，関東地震と同じくプレート境界の地震，スラブ内地震と呼ばれる沈み込むプレート内の地震があり，さまざまな場所に多数の地震が想定されている（1.1 節参照）．ここでは，Ｍ８クラスの関東地震を模した地震と，関東地震よりも発生頻度が多いとされるＭ７クラスの首都直下地震（都心南部直下地震）を選んで比較

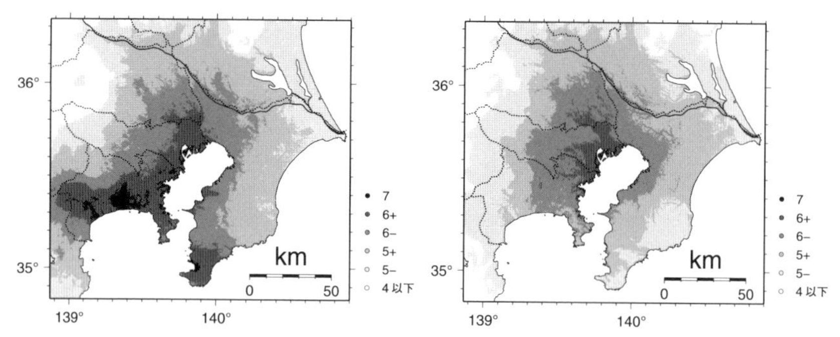

図 2.6 関東大震災級の地震（左）と首都直下地震（都心南部直下地震，右）の予測震度分布．中央防災会議による地震被害想定（三宅・室谷，2023）．

する．

中央防災会議から 2013 年に公表された地震被害想定では，首都圏の揺れや被害が予測されている（中央防災会議，2013）．関東大震災級の揺れの予測は，首都圏の大半が震度 6 弱，相模湾および東京湾沿いに震度 6 強が広がり，相模湾沿いでは震度 7 の領域が見られる．死者は 2 万～7 万人程度，建物の全壊・焼失棟数は 100 万棟前後にのぼる．ただし，この数字は関東地震の本震と周囲で発生した大きな余震を含めた想定と考えることもでき，東京直下では大きめの揺れが予測されている可能性もある．一方，首都直下地震（都心南部直下地震）の揺れの予測では，首都圏の都市部の大半が震度 6 弱におおわれ，東京湾岸や都県庁周辺に震度 6 強が広がっている．規模が小さくとも，真下で首都直下地震が発生すると，関東大震災の揺れに匹敵することがわかる．死者は 2 万人以上，建物の全壊・焼失棟数は 60 万棟を超える．

また，東京都防災会議から 2022 年に公表された地震被害想定では，都内に絞って揺れや被害が予測されている（東京都，2022）．関東地震の本震のみを想定した関東大震災級の揺れの予測は，都心の多くの領域で震度 6 弱が広がり，東京湾岸沿いで震度 6 強を示している．死者は 2000 人程度，建物の全壊・焼失棟数は 5 万棟にいたる．一方，首都直下地震（都心南部直下地震）の揺れの予測では，都心の大半が震度 6 強を示している．東京都防災会議の予測では，規模が小さくとも，真下で首都直下地震が発生するときの揺れは，関東大震災よりも大きくなる可能性を示している．死者は 6000 人程度，建物の全壊・焼失棟数は20万棟に迫る．つまり，首都直下地震の都内の揺れは，関東大震災の揺れよりも震度6強の領域が大幅に増え，被害が増大する可能性がある．

では，これらの地震の揺れを，首都圏ではどのくらいの観測点で捉えることができるのだろうか？　今日，気象庁，地方公共団体，防災科学技術研究所により，南関東には500地点弱の震度を観測する体制がとられている．うち100地点以上では，地震の揺れの全容を捉える強震動波形が取得される予定である．関東大震災の当時は，被災地に1地点しかなかった強震動の観測地点が，今日100倍以上となり，数十年に一度の大きな揺れを待ち構えている．

関東大震災は，日本において歴史上最も死者数が多い地震であり，かつ首都で大きな被害が生じた点で，ふりかえり見直す価値がある地震である．死者の多くは焼死とされているが，建物倒壊，津波，土砂災害に起因する死者も報告されている．しかし，関東大震災の都心の揺れは，近年公表されている首都直下地震の揺れの想定よりも，小さかった可能性がある．

関東大震災の揺れは，帝都復興や地震対策の基準として参照されており，今後も道しるべとしての役割が期待されている．関東大震災の頃は，地震学の黎明期であったために，地震の揺れの全容を捉えた観測記録はきわめて少なかった．そのため，建物の被害から推定された震度分布を除くと，どのような揺れであったのか，実はよくわかっていない．

関東大震災から100年を迎える今日まで，高度に発達した都心が経験した強く激しい揺れは，気象庁の震度データベースによると震度5強は東日本大震災を含めてたった3回，震度5弱も10回程度である．また，都心が経験した長周期地震動は，高層ビルや長大橋が大きく揺れた東日本大震災の揺れに限られている．今後首都圏が，震度6を超える激しい震度と長周期地震動の両方に襲われる可能性を考え，学び備えることが肝要である．

注　本章の2.2節，2.3節は，三宅・室谷（2023）を元に改稿したものである．

参考文献

石瀬素子ほか（2023）1923年関東地震の木造住家被害データのデジタル化．日本地球惑星科学連合2023年大会，HDS08-02.

岩田孝行・野口和子（2003）東京大学における機械式地震計の地震記象（第1報）．東京大学地震研究所技術研究報告，9，31-55.

気象庁：震度データベース検索　https://www.data.jma.go.jp/eqdb/data/shindo/index.html

武村雅之（2003）『関東大震災』鹿島出版会.

中央防災会議首都直下地震対策検討ワーキンググループ（2013）首都直下地震の被害想定と対策について（最終報告）.

東京大学地震研究所広報アウトリーチ室　https://www.eri.u-tokyo.ac.jp/feature/18603/

東京帝国大学一覧（大正10年）巻末付録.

東京都防災会議（2022）首都直下地震等による東京の被害想定報告書.

翠川三郎ほか（2022）ユーイング円盤記録式強震計による1923年関東地震の記象の解析その2—地震計の特性の検討に基づく地動の推定．日本地震工学会論文集，22(1)，16-35.

三宅弘恵・室谷智子（2023）強震動の観測と予測—関東大震災級の揺れに備える．科学，93，771-774.

諸井孝文・武村雅之（2002）関東地震（1923年9月1日）による木造住家被害データの整理と震度分布の推定．日本地震工学会論文集，2(3)，35-71.

横田治彦ほか（1989）1923年関東地震のやや長周期地震—今村式2倍強震計記録による推定．日本建築学会論文報告集，401，35-45.

Miyake, H. *et al.* (2023) Introduction to the special section for the centennial of the Great 1923 Kanto, Japan, earthquake. *Bull. Seismol. Soc. Amer.*, 113, 1821-1825.

Morioka, T. (1980) The ground motion of the great Kwanto earthquake of 1923. 日本建築学会論文報告集，289，79-91.

Sato, T. *et al.* (1999) Three-dimensional finite-difference simulations of long-period strong motions in the Tokyo metropolitan area during the 1990 Odawara earthquake (MJ 5.1) and the great 1923 Kanto earthquake (MS 8.2) in Japan. *Bull. Seismol. Soc. Amer.*, 89, 579-607.

Takeo, M., and Kanamori, H. (1997) Simulation of long-period ground motion near a large earthquake. *Bull. Seismol. Soc. Amer.*, 87, 140-156.

3　大正関東地震から始まったわが国の耐震設計

楠 浩一

3.1　はじめに

わが国は地震国である．有史以来，数々の巨大地震の記録があり，近年でもM 7.0を上回る地震だけをみても，2011年東北地方太平洋沖地震，2016年熊本地震，2016年福島県沖の地震，2020年福島県沖の地震など，数多く発生している．その都度，人的被害や建築物などの構造物の被害が確認されてきた．そして，少しでもその被害を低減させるために，絶え間ない研究と工夫がなされてきた．そのおかげで，少しずつではあるが，被害は減少してきているといってもよかろう．

その大きな理由のひとつは世界でも高い要求性能を課している，耐震設計法令の整備である．近代の耐震基準は，実は関東大震災を契機に規定化された．その後，第二次世界大戦やいくつかの地震被害を経て法令は改正されてきたが，そこで想定している地震荷重の大きさは，実はほとんど変わっていない．最初に地震荷重の大きさを規定した先人の先見性に目をみはるばかりである．本章ではその歴史を振り返ってみたい（楠，2019）．なお，ここでは主として鉄筋コンクリート構造を対象とする．

3.2　関東大震災以前の構造規定の変遷

近代において耐震規定が検討された規定としては，1889（明治22）年の「東京市建築条例案」が挙げられる．ここでは，構造計算を課す案が示されていた．しかし，この条例の最終案では鉄筋コンクリート構造（以降，RC

構造と呼ぶ）に関する規定はなかった．

1906（明治39）年に米国西海岸において，サンフランシスコ地震が発生し，甚大な被害が生じた．その被害を調査するために，東京帝国大学の中村達太郎とともに，佐野利器（としかた）は米国にその被害調査に赴いた．佐野利器はその3年前に東京帝国大学工科大学建築科卒業後，大学院に進学するも1カ月で講師として採用されている．現地の調査から，RC構造は耐火性のみならず耐震性にも優れた点があることを認識し，帰国後RC構造の講義を開始した．佐野は帰国後，助教授に昇任している．

佐野は1914（大正3）年，論文「家屋耐震構造論」を発表している．この論文は，建築物の耐震設計法を提案したものであった．そのなかで，世界で初めて「震度」という概念を提案した．これは，いわゆる今の震度とは異なり，建物の1階に作用する水平方向の地震力の最大値を，建物の全重量で除した値であり，単位は加速度を重力加速度で基準化したものとなる．また，当時すでに建築物のなかで地震の加速度が増幅することは認識されていたが，対象は比較的低層建築物を考えていたため，その考慮をしていなかった．そのため，各階の慣性力は，この震度に各階の重量を乗ずることにより算出することができるとしていた．この重量に係数を乗じることにより設計用の地震荷重を計算する方法は震度法と呼ばれ，現在も用いられている．さらに，佐野はこの時点で安政の大地震に鑑みて，東京下町および山の手での予期震度をそれぞれ0.30および0.15と予測していた．また同時に，建築物の耐震性能としては建築物の強度，剛性，粘靭性の確保を推奨しており，今日のRC造建築物の耐震設計法の考え方と完全に一致している．

サンフランシスコ地震が発生した1906年，東京市は日本建築学会に「東京市建築条例案」の再検討を依頼している．それを受け日本建築学会では，諸外国の規定なども参考に許容応力度を用いた計算方法を示している．現在の耐震基準でも「許容応力度計算」として同様の計算方法は規定されており，鉛直荷重を対象として用いる材料の許容応力度（長期許容応力度）と，地震や風などの比較的短期間に外乱として作用する荷重に対して用いる許容応力度（短期許容応力度）の2種類を用いている．安全性の考えから，長期許容応力度は短期許容応力度よりも小さく規定されている．しかし，当時の規定では，許容応力度は 1 種類で，今の長期許容応力度に近い．しかし，この条例案も実施されることはなかった．

東京市建築条例案を死蔵させないため，警察命令としての採用を目指し，1918（大正 7）年に「警視庁建築取締規則案」がまとめられた．この規則案によると，建築申請手続きにおいて，RC 構造では主要部分の詳細図，構造強度計算書の添付が義務づけられていた．しかし，この構造計算は常時作用する建物の重さに対する設計（鉛直荷重に対する設計）のみで，地震や風といった横力に対する計算は規定されなかった．そして，この規則案もまた，実施されることはなかった．

この規則案が実施されることがなかった理由は，1919（大正 8）年に市街地建築物法（以下，物法と呼ぶ）が公布され，施行令および施行規則が翌 1920（大正 9）年に公布されたためである．この物法が適用される区域も勅令にゆだねられ，「東京市，京都市，大阪市，横浜市，神戸市，および名古屋市」とされた．佐野による「家屋耐震構造論」はすでに発表されていたが，物法においても構造計算の対象は鉛直荷重のみで，水平力に対する設計は含まれなかった．

3.3　関東大震災における RC 構造建築物の被害

1923（大正 12）年 9 月 1 日午前 11 時 58 分，相模湾北西沖約 80 km を震源とする M 7.9 の大正関東地震が発生した．いわゆる関東大震災である．死者・行方不明者は 10 万 5000 人に上った（諸井・武村，2004）．建築物の被害としては，RC 構造では，全壊 15 棟，半壊 20 棟，大破 49 棟，小破 79 棟，無被害 551 棟と言われている（写真 3.1）．ここからは震災予防調査会の報告書（震災予防調査会，1925）および水原（1976）をもとに被害を振り返る．

表 3.1 に東京市内の RC 造建物の棟数を示す．5 階建て以下の比較的低い建物が多く，とくに 3 階建て以下がその大部分を占める．棟数の多い 3 階建て建物に着目し，各区の 3 階建て建物で小破以上の被災度を被った建物棟数を表 3.2 に示す．棟数自体は少ないが，広く被害建物が分布していることがわかる．

写真 3.1　関東大震災で被災した建築物（東京大学旧武藤研究室所蔵）

表 3.1　被災地域の RC 造建物の棟数（水原，1976）

階数	地下	1	2	3	4	5	6	7	8	9
建物数	1	80	181	203	69	28	6	14	5	1

表 3.2　3 階建て RC 造建物の小破損以上の損傷を被った建物数（水原，1976）

区	建物数	震害建物数	区	建物数	震害建物数
麹町	27	7	牛込	0	0
神田	26	8	小石川	9	3
日本橋	31	7	本郷	3	2
京橋	19	7	下谷	3	0
芝	3	1	浅草	8	1
麻布	1	1	本所	7	1
赤坂	1	1	深川	8	0
四谷	1	1			

震災予防調査会（1925）によると，被害建築物の特徴としては，下記があげられている．

1. RC 造壁の少ないもの
2. 配筋が不適当なもの
3. 鉄筋の重ね継手長さの短いもの

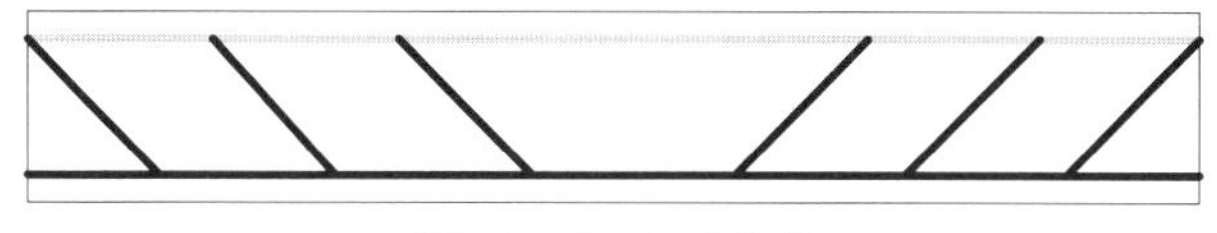

図 3.1　カーン式鉄筋

4. 主筋の定着が不十分なもの
5. コンクリートの強度が低いもの
6. 不整形建築物

当時，カーン式鉄筋という配筋方法を梁部材に採用した建物が散見された．これは，1903 年に Kahn 氏が特許を取得した配筋方法で，図 3.1 に示すように，主筋に対して 45 度方向の補強筋が溶接されたものである．1906 年ごろから普及した．ただし，この配筋は繰り返しの水平力を受ける梁部材にとっては，とくにせん断力に対する補強効果は低い．地震発生時には少なくとも 12 棟の建物が確認されており，そのなかで内外ビル（8 階建て），日本電気 KK ビル（3 階建て），博文館（3 階建て），藤倉電線 KK ビル（1 階建て），日立製作所ビル（1 階建て）が倒壊している．

また，大規模な火災が発生したため，火災によるスラブの被害が懸念された．そこで，スラブの調査ではその被害要因として「地震発生前からすでに亀裂があったと思われるもの」，「地震力によって亀裂が生じたもの」，「地震後の火災によって被害を受けたもの」の 3 つに分類している．スラブの被害が確認された建物は合計で 58 棟あり，そのなかで火災によると思われるものが 36 棟，地震によると思われるものは 22 棟と報告されている．RC 構造は耐火構造と言われるが，洋紙類，書物，油類，穀物等を保管する建物で，とくに火災の被害が甚大であったとされている．

物法制定時には上述の通り，水平力に対する耐震設計は採用されなかった．しかし，それが即ち，耐震設計された建築物が存在しなかったというわけではない．内藤多仲（たちゅう）は，8 階建ての日本興業銀行ビル（1923 年竣工）で震度 0.067，同じころに設計された大阪高島屋と大阪商船本社ビルでは震度 0.05 を用いて耐震設計をしている．この日本興業銀行ビルは無被害であった．

この地震被害を教訓に，翌 1924（大正 13）年に物法施行規則は大改正が行われ，新たに地震力の規定が追加された．これは，震度として 0.10 を採用したものである．この規定は，すでに家屋耐震構造論で予期震度として 0.30 が提案されていたこと，鉄筋の材料強度の余裕度と計算式の余裕度が併せておよそ 3 倍あること，震度 0.067 で設計された建築物が無被害であったこと，を総合的に勘案して規定された．ただし，今日のような建築物による応答の増幅はまだ考慮されておらず，震度法によるものであった．ここに，わが国の近代史で初めて耐震設計が法制度化された．なお，震度として 0.30 を用い，許容応力度を破壊強度以内とする意見も当時からあった．

1933（昭和 8）年には，日本建築学会において，初めて「鉄筋コンクリート構造計算規準」（以下，RC 規準）が制定された．この RC 規準は，当時の物法をほぼ踏襲しており，水平震度としては 0.10 を採用し，コンクリートの許容圧縮応力度は材齢 4 週での圧縮強度の 1/3 としていた．また，実務に資するような算定式や図表も整備された．応力解析法としては，武藤 清による横力分布係数法，いわゆる D 値法が示された．この RC 規準は改定を重ねて現在も出版されており，RC 造建築物の設計において，大いに参考にされ続けている．

3.4　関東大震災以降の耐震規定の変遷の概要

第二次世界大戦時の戦時特例

1941（昭和 16）年に太平洋戦争が勃発した．これにより多くの法令は戦時特例としてその効力が停止された．市街地建築物法においても，1943（昭和 18）年に「市街地建築物法戦時特例」が交付されて構造計算の規定も停止された．戦時中の状況により，多くの法令が緩和される状況のなかで，耐震規定は緩和されるのではなく，最新の知見を採用して合理化することを目指した．

これまでの許容応力度計算における材料の許容応力度は，現在と違って 1 種類しかなかった．たとえばコンクリート強度は，その非線形性に鑑み，材料挙動を弾性範囲に収めるために終局強度の 1/3 を許容応力度と規定していた．そのため，地震荷重についても予期震度の 1/3 とすることとしていた．

しかし常時作用する鉛直荷重と水平荷重の組み合わせが1通りしかなく，材料の許容応力度も1種類しかなかったため，「常時作用する鉛直力」と「1/3に低減された水平震度」の組み合わせでは，建築物全体の安全性が水平力と鉛直力の比率により異なることとなってしまう．この問題の解決は戦争後となり，戦時特例では許容応力度は変わらず1種類であるものの，短期荷重を考慮してこれまでの2倍に引き上げられた．そのため，地震荷重も引き上げられたが，2倍の設計震度0.20ではなく，0.15とされた．

第二次世界大戦終結直後の耐震規定

第二次世界大戦は，日本がポツダム宣言による降伏文書に調印し，1945（昭和20）年に終結した．その後，大日本帝国憲法は廃止され，1947（昭和22）年に日本国憲法が制定された．この新しい憲法の制定により市街地建築物法を含めた古い法律は改正されるか廃止された．そのため，建築物に対しては1947年に日本建築規格3001「建築物の構造計算」（JES3001）が制定された．特徴としては，現在と同じく許容応力度にも長期・短期の2種類が採用されたことである．コンクリートは，圧縮強度に対して長期は1/3，短期は2/3，鉄筋は降伏強度に対して，長期は1/1.5，短期は降伏強度とした．これらはほぼ，現行基準と同じである．当時，地震力に関しては震度0.30を用いた終局強度設計を求める声もあったが，弾性解析によらざるを得ない技術的問題から低減することとなり，短期許容応力度が震度0.10を採用していた物法の2倍であるため，この規格では震度も物法の2倍の0.20となった．そして1950（昭和25）年に，現在の法律である「建築基準法」が制定された．構造計算方法はJES3001が正法として採用された．

第二次世界大戦後の耐震規定

RC造部材の壊れ方は，大きく分けて2種類ある．強度に達すると破壊とともに耐力を失ってしまう脆性(ぜいせい)破壊と，強度に達するとそれ以上の強度上昇は望めないが，変形してもしばらくは耐力を維持する靭性(じんせい)破壊の2種類である．前者はガラスが壊れるような，後者は飴が延びるような破壊である．脆性破壊は危険な破壊となるため，構造設計では避けるべき破壊形式となる．

これまでの構造設計法では，許容応力度レベルの地震荷重に対して実施した弾性解析で算出した曲げモーメントおよびせん断力が，許容応力度に基づいて計算した強度を下回ることを確認している．地震の強さがこの想定しているレベル以下の場合は，部材の応力は許容応力度以下に収まり，結果として安全となる．ところが，地震の強さが許容応力度計算で想定している地震荷重の大きさを超えた場合，脆性破壊に対する余裕度と靭性破壊に対する余裕度の大小によって，どちらの破壊が生じるかわからないこととなる．

1968（昭和43）年5月16日午前9時48分ごろ，北海道襟裳岬南南東沖120 kmを震源とするM 7.9の十勝沖地震が発生した．最大震度は当時の震度階で5であり，死者は52人，建築物の全壊673棟，半壊3004棟の被害が生じた（日本建築学会，1975）．この地震では，やはり柱のせん断破壊が多数確認された．そこで，1971（昭和46）年に柱の帯筋（せん断破壊を防止するのに有効な補強筋）に関する最小間隔の規定を建築基準法に追加した．また1978（昭和53）年6月12日17時14分ごろ，仙台市の東方沖約100 km深さ40 kmを震源とする，M 7.4の宮城県沖地震が発生したが，この地震でも同様の被害が発生した．

十勝沖地震での被害を踏まえて，1981（昭和56）年の建築基準法の改正において，建物が最終的に壊れるときに保有している水平方向の耐力が，想定する建物の破壊形式等による変形性能に基づいて設定する必要保有水平耐力を上回ることを確認する「保有水平耐力計算」が構造計算に追加された．そのときの地震荷重は建物の応答加速度で1 Gを基準としており，許容応力度計算で想定する地震荷重の5倍となる．この1 Gという数値は，関東大震災での地震動レベルを想定して設定された．具体的には，関東大震災における地表面の最大加速度を250-400 cm/s^{2}程度と想定し，建物による増幅を2.5-4倍程度として，両者を掛け合わせておよそ1 G（1000 cm/s^2）としたものである．

この法改正により，許容応力度計算に加えて，保有水平耐力計算をさらに行う，2段階設計となったことを意味する．実際には，保有水平耐力計算においては1Gを基準として計算した地震荷重を，建物の変形性能に応じた低減係数Dsで低減する．とくに変形性能にとむRC構造では，構造特性係数

Ds＝0.30である．佐野先生が当時主張された震度0.30を用いた終局設計にやっと到達したこととなる．なお，1981年には合わせて柱の最低補強筋比の規定も追加された．

建物の終局状態を確認する保有水平耐力計算の追加は，ある意味では耐震規定の大改正となる．1981（昭和56）年以前に設計された建物では保有水平耐力計算は当然行われていないため，改めて既存建物の保有水平耐力計算を仮に実施すると，建物の保有水平耐力が必要保有水平耐力を下回ることも十分考えられる．そこで，保有水平耐力計算法の開発に合わせて，既存建物の耐震診断手法と耐震補強方法の開発も行われた．

1995（平成7）年に兵庫県南部を震源とするM 7.3の兵庫県南部地震（阪神・淡路大震災）が発生した．このとき，神戸市の一部を対象に建物の悉皆調査が行われた．図3.2には，RC構造と鉄骨鉄筋コンクリート造建物を対象とした，建設年ごとの各被災度の棟数を示している．建設年は，前出の通りの大きな法改正のあった1971（昭和46）年と1981（昭和56）年を境としている．この調査結果からも，1981年以降の建物では大破・倒壊にいたった建物はない．一方，旧基準で設計された建物に被害が集中している．新たな知見により建築基準を改正したとしても，それによって設計された建物が都市の大部分を占め都市が強靭化するまでには長い時間がかかることが改めて認識された．また，都市の強靭化には旧基準で設計された既存建物の耐震化が重要であることも認識された．そのため，同じく1995（平成7）年に「建築物の耐震改修の促進に関する法律」，いわゆる耐震改修促進法が施行された．その後いくつかの法改正が行われ，耐震化の促進が行われている．耐震化の進捗状況は耐震化率として数値化され，学校建物などの文教施設，多数のものが利用する建築物，住宅などごとに目標とする耐震化率とその達成目標年が設定され，推進されてきた．

2011（平成23）年3月11日，三陸沖の太平洋を震源とするMj 8.4の大地震，東北地方太平洋沖地震が発生し，東北地方や関東を含めたきわめて広い範囲に甚大な被害が生じた（東日本大震災）．このときの仙台市・大崎市・塩釜市・七ヶ浜町・栗原市のRC構造建築物の被害統計（全546棟分）を図3.3に示す．第三世代（1982年以降）では，大破・倒壊にいたった建物

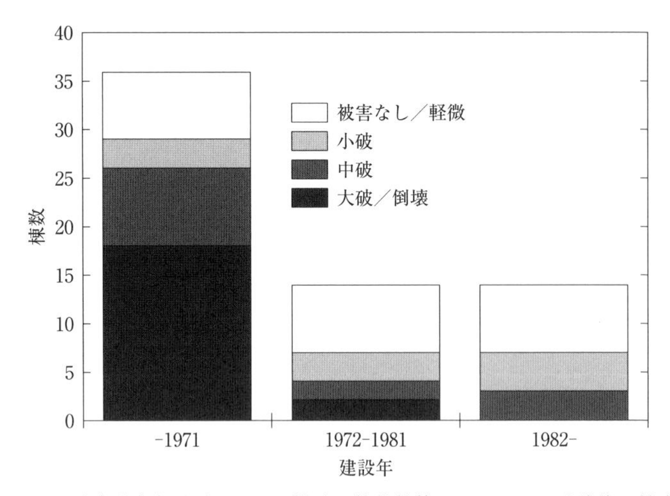

図 3.2 兵庫県南部地震での RC 構造，鉄骨鉄筋コンクリート造建物の被害

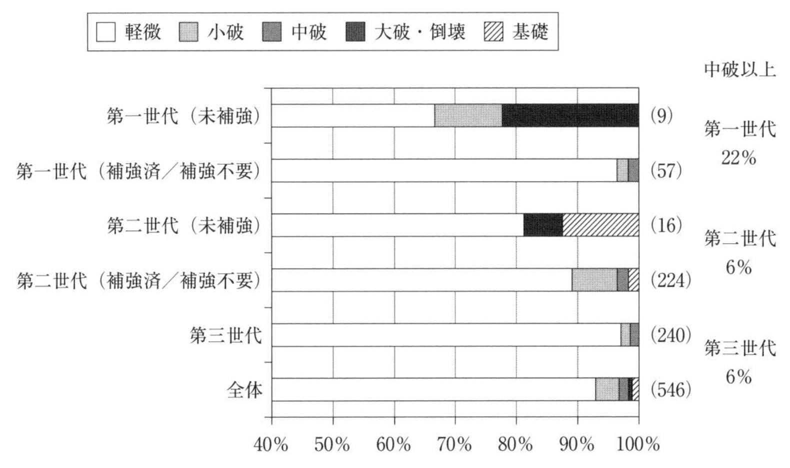

図 3.3 東北地方太平洋沖地震における RC 構造建物の仙台市・大崎市・塩釜市・七ヶ浜町・栗原市の統計（全 546 棟）（日本建築学会，2012）

はない．さらに，第一世代（1971 年以前）および第二世代（1972-1981 年）でも，耐震補強が必要で補強済みの建築物および耐震診断の結果耐震補強が不要とされた建築物でも，ほとんどの被害程度は軽微以下で，大破・倒壊にいたったものはない．一方，耐震補強が必要とされたものの完了していなか

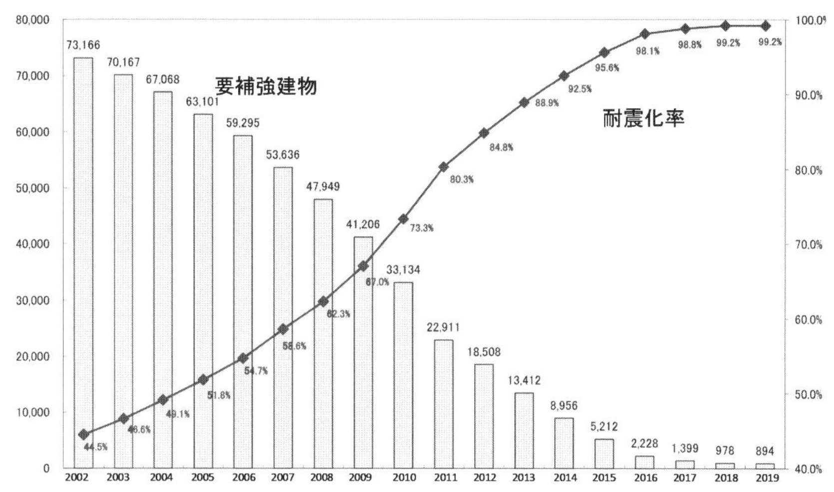

図 3.4　学校建物の耐震化率（https://www.mext.go.jp/b_menu/houdou/31/08/attach/__icsFiles/afieldfile/2019/08/09/1419961_001.pdf）

った建築物では，大破・倒壊にいたったものが多い．耐震補強の必要性が改めて認識されるとともに，佐野先生が主張された震度 0.30 で終局強度を実施するという耐震設計方法の有効性も確認でき，その先見の明には驚くばかりである．

図 3.4 に学校建物の耐震化率を示す．2002（平成 14）年には 44.5% であったものが，2019（令和 1）年には 99.2% に達したが，兵庫県南部地震以降，24 年の月日を要している．また，民間建物等ではまだまだ耐震化率は十分ではない．引き続き耐震改修を推進していく必要がある．

近年，コンクリートと鉄筋の高強度化に伴い，超高層建物に RC 構造を用いる例が増えてきている．鋼構造に比べて RC 構造は剛性が高いという特性から，集合住宅に用いられている例が多い．超高層建物の設計では，地震がきたときの建物の揺れと損傷を時々刻々コンピュータのなかで再現する地震応答解析が用いられる．この地震応答解析では，計算に用いる地震記録が必要となるが，設計に用いる設計用地震動を国土交通省告示に従って作成して用いることとなる．ここで想定している地震荷重も，保有水平耐力計算と同様の考えに基づいて設定されている．

3.5 まとめ

関東大震災での経験をもとに法令として整備されたわが国の耐震規定は，その後，第二次世界大戦，そののちのいくつかの地震の経験による法改正を経て，現在の規定へと進化してきた．今日では鉄筋コンクリート造による超高層建築物も建てられるようになってきた．本章ではその歴史を概説した．以下にそのまとめを示す．

- 関東大震災は，近代日本の耐震規定採用の契機となった．
- 安政の地震における東京下町の震度を佐野先生は 0.30 と推定した．
- 設計に用いる地震荷重の強さは，最初に耐震規定が制定されたときからその基本的な考え方は変わっておらず，現在の規定もほぼ同じレベルを採用している．
- 耐震規定を改正すると取り残される既存建物のアップグレードが都市の強靭化には重要である．
- 地震に対して強靭な街を形成するためには耐震補強の促進が重要であるが，耐震補強には時間がかかるため，継続して耐震化を進める必要がある．

引用・参考文献

楠 浩一（2019）我が国における鉄筋コンクリート構造に関する構造規定の変遷（その 1）—1981 年の建築基準法施行令改正まで．ビルディングレター，7 月号，1-10，日本建築センター．
震災予防調査会（1925）震災予防調査会報告第百号（丙）．
日本建築学会（1975）鉄筋コンクリート構造計算規準・同解説 1975.
日本建築学会（2012）文教施設の耐震性能等に関する調査研究報告書．
水原 旭（1976）『関東大地震と耐震構造』鹿島出版会．
諸井孝文・武村雅之（2004）関東地震（1923 年 9 月 1 日）による被害要因別死者数の推定．日本地震工学会論文集，4(4)，21-45.

4　地盤災害——結局解決されなかった課題

東畑郁生

4.1　はじめに

関東大震災の特徴のひとつに，巨大都市が大きな地震に襲われたということがあった．その前の安政江戸地震や1906年のサンフランシスコ地震と合わせ，後世への教訓が大きかった．しかしすべての教訓が認識，学習されたとも言い切れず，本章では，それら満たされなかった諸点について論じたい．

マイナスの事項に入る前に，まず当時の人々が復興に向けて大きな使命感を抱き，活動したことを述べておく．後藤新平が帝都復興に向けて壮大な構想を打ち出したことは，たびたび語られてきたことである（コラム「後藤新平「復興論」」参照）．また，この震災を機に震度法（3章参照）という耐震設計法が建築の世界で実用化されたことも，安全への大きな貢献であった．しかしそれ以外にも忘れてはならないことがある．

火災をひとまず措くと，東京の家屋の被った震害は東部の低地で大きかった．これに対し，谷底（こくてい）低地と呼ばれる切れ込んだ谷間（たとえば赤坂見附付近）を除いた西部の山の手では，震害が軽微であった．震度法の考え方によれば，これは東部の低地の方が山の手よりも地震加速度が大きかったはずだ，そしてその理由は何か，ということになる．これを解くカギが地盤の性質にあると考えた当時の人々は，米国から地盤のボーリング調査機械を大量に輸入し，堆積している土層の性質について，網羅的調査を実行した．単に被害軽減だけを目的とするなら，震度法を全地一律に制定しておいてもよかったはずである．しかしそのような実用一点張りの姿勢に留まらず，背景にある

写真 4.1　1964 年の液状化災害発生直後の新潟市街地（弓納持福夫氏撮影，地盤工学会所蔵）

真理の探究に挑戦したことに，当時の関係者の気宇を感ずるのである．

調査の結果，東部の低地には，更新世の海水面低下時期に利根川や荒川が形成した谷が隠れており，それが温暖化と縄文海進の時期に土砂で埋積され，厚い軟弱地盤地帯が形成されたことが実証された．このことを考慮して地盤の地震応答の計算を実用化するには，さらに詳細な地盤調査や計算の技術が実現する 1960 年代まで待たねばならなかった．それでも，地盤の性質に対応して揺れやすい地域，揺れにくい地域ができることが認識されたので，その後の技術の進歩を支える後ろ盾が生まれたと言えよう．

このような真理探究型の情熱は，間もなく色あせてしまったようである．そもそも帝都復興の大風呂敷も，予算の制約という現実論の前に，急速にしぼんでしまった時代である．建築物の倒壊や大火災が衝撃的過ぎて，社会の関心がそこへ集中してしまったのかもしれない．その結果，人の目に触れない現象，つまり地下の問題は長い冬の時代に入った．砂地盤の液状化問題にしても，東京や横浜で発生していたにもかかわらず，現実の社会問題として再認識されたのは，1964 年の新潟地震の時であった（写真 4.1）．

4.2　地震に伴う斜面災害

地震時の斜面災害（山崩れとそれに付随する天然ダムと呼ばれる現象）は，古くから自然現象あるいは災害として知られてはいた．しかし長い間，具体的に地震と関連づけて解決すべき社会的課題とはなっていなかった．危なそうな崖は補強しておけ，といった程度だったのである．2005 年の新潟県中越地震で地域が孤立するほど多くの斜面災害が起きたので，社会の問題として認識されたと感じている．しかし，その解決が難しいことは，追って述べる．

私たちの社会の持っている根本的問題は，はっきり見えない問題は気にしない，起こりもしていない問題の調査に費用を掛けたくない，ということである．前者は正常性バイアスと呼ばれて人間の本質であり，これなしではあらゆる心配事に心が押しつぶされて崩壊してしまうという大事な事柄でもある．後者は，高齢化社会，福祉，少子化対策などなど行政が突きつけられている数々の重要課題に比べると，防災への支出はどうしても後回しにされてしまう．つまり社会の根本問題ではある．しかし単にそれを怠慢として責めるわけにもいかないという財政逼迫の現実は，理解しておかなければならない．これらをわきまえた上で，「解決されなかった課題」について論じてみたい．

関東大震災のときの斜面災害としては，丹沢山塊や足柄地域の災害が甚大であった．この時の経験に基づき，1980 年代になって神奈川県では当時の災害記録を収集し，現場の地形や地質の情報と合わせて整理することにより，「地震時の斜面災害の危険度」を推定する方法を実用化した．それ以来 40 年近くが経過し，科学技術の発展に支えられて危険度判定とハザードマップ作製の方法も進化して，信頼性も向上したと考えたい．しかしそれはどうやら難しい．理由は簡単である．地震によって斜面が崩れるのは，地震の力が大きいことが原因のひとつであるが，ひとつに過ぎないのである．もうひとつの原因は，斜面（地盤あるいは山体と考えてもよい）を構成している岩や土砂という物質が崩れやすい（脆弱である）ことである．力と物質と，どちら

写真 4.2　山地斜面で実施したボーリング調査（伊豆大島の三原山）

が勝つかで結果が決まるのだが，危険度判定手法の体系には，現場へ出かけて物質の性質を調べる作業（地盤調査，ボーリング調査などと呼ばれる）が含まれていないのである．そんな馬鹿な，と思われる人々が大半であろうが，これは仕方がない．なぜなら，人の目には見えない地下の状態を調べるにはそれなりの作業が必要であり，ボーリング調査（写真 4.2），電気伝導度探査，地下水調査など，いずれも手間と「費用」が掛かるのである．それを誰が払うのか，実は誰も払いたがっていない．先述したように自治体の財政状況がきわめてきびしいことはよく知られている．介護，少子化，パンデミック対策など優先順位の高い課題は数多く，「広大な」山地斜面の地下を調べる調査に予算を支出する余裕はない．仮に調査したところで，限られたポイントだけの調査では，不均質バラバラな地下の状態を正しく解明できる保証はない．

近年の斜面災害危険度評価の結果は美しい地図で精妙に発表されており，あたかも最新の科学を反映した正確なものであるかのような印象を与えている．確かに地形や断層の情報は 40 年前よりはるかに正確に考慮されているのだが，肝心かなめの地下の物質の情報（壊れにくさ，材料としての強度の情報）を調べていない，という前提が進歩しておらず，みかけに比して信頼性は昔のままと言わざるを得ない．繰り返しになるが，これは行政の怠慢ではない．人の目にみえない，そして場所によって性質がバラバラな地下の状況を調べるには，コストがかかるのである．地質学は重要な手掛かりを与える学術だが，同じ種類の岩でも亀裂や風化の度合いが異なれば，崩れやすさ・壊れやすさには大差が生まれるので，現場で調査を実行しなければ，危険度評価の質は向上しない．しかしそれらを行う予算がない．社会は，このことをわきまえて，自分をどうやって守るのかを決断しなければならない．

4.3　斜面防災の課題

関東大震災の後も大きな災害はたびたび起こった．これは地震に限った話ではなく，台風，豪雨，津波，山崩れ，噴火などすべてである．それら過酷な災害体験を通じ，自然がどれほど複雑なものであるか，ということだけは，社会の理解が進んできた．たとえば岩という物質の性質・材料としての壊れにくさ（強度）で言えば，今年の時点での強度と30年後の強度とが同じであるとは限らない．年月とともに強くなっていくのであればよいが，逆に風化・劣化と呼ばれるプロセスを経て弱まっていくことも珍しくない．このことは，今年は安全でも30年後は危険な状態に陥っているかもしれない，ということである．

岩石の風化は自然のプロセスであり，これを止めることはできない．大雨でも地震でもないのに突然崖が崩れる現象があるが，その原因の大半は風化である．風化は雨水や地下水，そして極端な話では二酸化炭素の溶け込んだ微弱な酸性雨の影響で進行しやすくなるが，2020年2月の逗子市池子の崖崩れ（犠牲者1名）や2018年の大分県耶馬溪の斜面災害が，その例である．水分が凍結融解を繰り返す現象も，岩石の中に無数のひび割れを生じて劣化を推進する．これは機械的風化とも呼ばれ，2022年12月の奈良県下北山村の斜面崩壊事故（犠牲者1名か）がその例となる可能性がある．これらの災害現場は普段から不安定になっており，強い地震や大雨の時には，とくに危険であった．

よく聞く言に，「ここには先祖代々住んでいるが，＊＊年の大地震でも＃＃年の大雨でも裏の崖は崩れなかった，だから心配無用」というものがある．他所の災害のことはニュースで聞いているが，あれは他所の問題，自分のところは違う，という意味である．しかし風化・劣化が進めば，過去の安全体験はもはや無効である．残念ながらこの言は，先に述べたように正常性バイアスと呼ばれる心の作用に過ぎず，単なる願望でもある．人間が生きていくうえで正常性バイアスがなければあらゆる心配事で心は押しつぶされてしまう，だから大事な作用ではあるのだが，防災という局面で正常性バイアスは強すぎるらしく，また防災にお金を費やしたくないがために，節約を正当化する依りどころとして，このバイアスが発動してしまう．繰り返して強調するが，防災にお金を費やしたくない心情は，十分理解できるものである．どこの家庭でも自治体でも，教育，福祉など喫緊の重要課題が目白押しのとき，30年後の安全のために多額の投資をせよ，と要求するのは，無理筋であろう．「それでもしかし」ということで，さらに議論を進めたい．

強い地震があると，山がゆるんでいるので豪雨の際には斜面災害に注意，ということがよく言われる．関東大震災の2週間後に豪雨があり，神奈川県では斜面災害が多発した．このように地震の衝撃と豪雨の影響が重なって甚大な被害を生む現象を，複合災害と呼ぶ．筆者は，山がゆるむというのは具体的にどういうことかと疑問を持ち，山地を観察したり実験室で材料の挙動を調べたことがある．その結論だけを述べると，地震動で岩や土に細かいひび割れが生じて物質として劣化している，あるいは地震のときすでに滑落しかけた斜面には大きな亀裂が開いている，いずれにせよ，次に雨が降るとひび割れや大亀裂に雨水がしみ込んで斜面を重くすべり落ちやすくする，さらに，しみ込んだ水の圧力が物質の強度を損なう（専門的には，間隙水圧の上昇と有効応力の低下，その結果としてのせん断強度の減少という），という現象である．

このような危険な状態がどのくらい続くのか，梅雨時がくるたびに警戒を強める状態が何年くらい続くのか，これは現地に住む人々にとっては切実な問題であろう．たとえば2008年の中国四川省の汶川地震の後も，ゆるんだ斜面の災害が急増した．そして約10年して斜面に緑が戻り始め，不安定な斜面は安定してきたようにみえる．また1999年に集集地震を経験した台湾では，20年かかって安定を取り戻してきた．ただしどちらの地域でも，完全に元へ戻ったわけではない．そして台湾のほうが長い年月を要したのは，台湾島の地質が2000万年程度の年齢しかなく四川ほど堅い岩体になりきっていないこと，地殻変動が激しく台湾島全体がねじり変形を受けて岩体の劣化が著しいこと，浸食で急な斜面が多いこと，そして年間雨量がはるかに多いことが，原因であろう．1995年の兵庫県南部地震の後には，六甲山の斜面を定点観測してきた例があり，それによると，ほぼ原状に復帰するのに20年を要している．それでは関東大震災の後はどうであったかと言えば，丹沢山塊の事例に基づき，少なくとも20年，さらに戦後にいたってもなお災害は震災以前より頻発していた，とも言われている（井上，1995）．

さらに不安定状態が長く続いてきたのは，静岡県安部川源流地帯にある大谷崩れという斜面崩壊地である．ここは，1707年の宝永地震のときに巨大な斜面崩壊が起きたと伝えられており，爾来，豪雨のたびに大量の土砂を下流に流出させてきた．この斜面に砂防ダムの建設や植林を実施して，戦後数十年経過した今やっと斜面が安定してきたようにみえる．同じように超長期の斜面不安定状態は，大谷の近隣にある七面山にも見受けられる．こちらは伝説では日蓮上人の時代（鎌倉時代）にすでに斜面は大崩壊していたと言われており，江戸時代初期の絵図に崩壊が描かれている．

なぜこれほど長期に，という疑問に答えることは容易ではないが，大谷の斜面を踏査すると，岩石が細かく砕かれていることは容易に気がつく．不安定は当然だ，というほどである．するとなぜそれほど砕かれているのか，ということになるが，私が推定しているのは，大谷や七面山地域に多数走っている断層の影響である．この地域はいわゆる糸魚川静岡構造線の南端に近く，笹山構造線，藤代断層，十枚山断層，音下断層，身延断層など多数の断層が南北に並走している（杉山，2014）．これらの断層が活動したとき，周辺の岩盤にもかなりの変形が強いられて岩石に劣化が起こった，その結果が岩石の破砕ではないか，と筆者は考えている．断層の活動が近年である必要（活断層である必要）はない．古い時代に生じた岩盤劣化は治癒できないので，不安定という結果は現代まで残っている．同じような状況は四川省にもあり，ここはインド亜大陸がチベット・ユーラシア大陸に衝突している影響で，多数の断層が存在している．そして降水量が少ないにもかかわらず斜面災害が多発してきた歴史もある．

写真 4.3　関東大震災で崩落した浦賀の愛宕山周辺の現況

このような事柄が関東地方とどんな関係があるのか，という質問が出そうだが，多くの断層が三浦半島を横切っていること，そして横須賀や浦賀のように崖下にも多くの人家が存在している実態を想起していただきたい（写真4.3）.

4.4　宅地造成地に潜む問題

関東大震災当時と現在とを比べ大きく異なっているのは，現代は宅地造成地があちこちに存在していることである．それらが地震に十分な抵抗力を備えているのかと言えば，疑わしい場所が少なくないと考えざるを得ない．宅地造成地の地震時危険度には 2 つの種類がある．ひとつ目は，造成自体に問題のある場合で，2011 年の東日本大震災のときの仙台市周辺丘陵地で造成宅地が多数崩壊したこと，2018 年の北海道胆振東部地震のとき札幌市清田区で宅地地盤が流失・陥没した例が，記憶に新しい．以下にこれを詳述する．

危険は斜面だけに留まらず，2024 年 1 月 1 日の能登半島地震でも，新潟市西区の新興住宅地で液状化災害が多発している．斜面上に土を盛って宅地を造成した場合，石垣などの頑丈さもさることながら，浸透する地下水をしっかり排水することが本質的に重要である．また新潟市西区の液状化問題では，古い信濃川の川筋（旧河道）上に薄い盛土をして宅地としているところ

写真 4.4 2024 年能登半島地震に際して新潟市西区善久地区で発生した液状化災害

で被害が大きい（写真 4.4）．これほどの液状化が起こると，住宅そのものの沈下や傾斜が著しいだけでなく，埋設ライフライン（上下水道，ガス，電気，通信など）の機能も損傷を被り，管の種類によっては復旧に数カ月を要する．このような地盤条件の場所で宅地を造成したときは，住宅を建築する前に地盤の強化・改良を施しておくべきであったと考えられる．ただし，これらの被災宅地を欠陥商品視して造成者を批判することは，たとえ間違いではないにしても，社会的に十分な対応とは言えない．

公共が行うインフラ整備と異なり個人顧客相手の宅地造成には，従来から次のような問題点が指摘されてきた．まず，顧客側にコスト負担力（資力）が十分でなく，常に安い物件を求めることがある．するとマーケット原理からして当然ながら，造成側もコストをぎりぎりまで削減して価格を下げようとする．勢い安全性もぎりぎりとなり，想定外に強い地震動が作用したときの安全性（多少の損傷はあるにしても軽微な程度に留まること）は期待しづらい．これが，液状化に弱い宅地が全国に無数に存在する理由である．

2 つ目の宅地の地震の問題は，顧客が安全に関心を持っていたとしても，すでに竣工した宅造地を表面から眺めるだけでは地下の状況がまったくわからないことである．土地の成り立ち（過去の災害経歴）や施工方法をみて初めて安全性の判断ができるはずだが，そこまで関心を持つ顧客はまれである．それよりも南向きで日当たりのよい斜面，交通の便，学校環境などの優先順位が高い．さらに，造成当初は優良宅地であったとしても，数十年を経過すると劣化が進んで地震時の危険度が高まることがある．盛土に地下水の浸透が進んで年とともに危険度が高まっていた例もある．モノはすべて劣化するので，程度の差こそあれ古い造成地は点検と安全判断が重要である．

それではどこを点検するのが重要かと言えば，石垣やコンクリート擁壁の変形（裏に地下水が溜まって水圧を及ぼしていることが多い），壁からの漏水，水の滞留を防止するために設置されている水抜きの閉塞，擁壁の裏に無配慮に積み増しされた土の重量等々である．また造成地が扇状地上に立地しているなら，多かれ少なかれ背後の渓流から土石流が襲来する可能性がある．土石流は豪雨時の事象と思われる向きもあろうが，地震によって山地が崩壊し，それが土石流（山津波）として下流に到達した例が，関東大震災時の根府川の事変である．

4.5　現代の防災体制と国民

近年の防災体制は，通信技術の進歩に助けられて，高度な発展を遂げつつある．しかし，ハザードマップのところで述べたように，みかけは美麗であっても思わぬ欠陥が潜んでいることもある．そのような視点で防災体制の現況をみると，いくつかの問題点もみえてくる．このことは，地震に加えて激烈化しつつあると考えられている豪雨災害を含めて考えるとき，重要となる．

戦後の防災体制では，公共の担う責任が大きくなった．国民の安全を守ることが政治・国家の最重要任務であることは間違いないので，このこと自体は正しい．江戸時代の幕藩体制の下でも災害自体は憂うべきものであったが，水田が潰れて年貢米が取れなくなることは困るものの，農工商の民の命を護ることの重みは，現代よりはるかに小さかったはずである．しかし現代になって公が防災に真剣に取り組み始めたぶん，国民自身の心のなかに，自助の気持ちが失せてしまったのではないのか．その例が，宅地選びにおいて災害のことを顧慮しない顧客の姿勢である．地震災害を防ぐために，国民がどれほど自ら行動しているであろうか？　耐震性の高い住宅に住んでいるではないか，とも言われるが，これは建築業界が危険な住宅を提供しなくなったため，どのような家を建てようと自動的に（一応は）安全な家になっているに

写真 4.5　岐阜県安八郡輪之内町に現存する輪中堤

過ぎない．ただし古民家など古い家には，この楽観論は当てはまらない．仮に安価だが法令ぎりぎりの安全性しか計算していない（法令順守なので手抜きとは呼びにくい）建売住宅を不動産業者が勧めれば，かなりの人が飛びつくであろう．安いものは安くていいものだ，と誤解しているのである．高いが安全だ，では消費者にアピールしない．宅地造成地が地震時に崩れる事象は 1970 年代から報道されているが，それが購買行動に影響した気配はない．だからこそ行政が法律や条例で危険なものを排除しなければ，居住者の命は安全にならない，つまり国民は受動的にしか安全を獲得したがらないのである．危ないところには住まない，という本能的発想が消え，「公が禁止していないから，業者が販売しているのだから，安全に違いない」，そんな疑うことを知らない受動的楽観が広まっている．なお宅地造成に対して厳しい法令（宅地造成および特定盛土等規制法）が施行されたのは 2023 年 5 月であり，その実効性はまだ定かではない．

地震から離れて豪雨災害の話もしてみたい．気候変動というキーワードの下，豪雨の頻発が心配される時代に入っている．予想される洪水の規模が高まり続けるので，行政の力だけでは洪水災害を防ぎきれない状況になっている．河川流域に存在するすべての住民，企業などの力を合わせなければ，十分な防災ができないのである．国や自治体が従来の堤防，ダム，遊水池の整備を続けるのはもちろんとして，住民側に何かできることはないのであろうか？　その答えは江戸時代の防災体制にある．幕府や領主の支援が不十分であった当時，農民はみずから身を守る努力を行っていた．その例が，自前の堤防すなわち輪中である．

近代に入って国家が治水の責任を引き受けるようになり，築造される堤防の規模は，民の自前の輪中堤防を凌駕するものとなった．これは地域社会に安心感を与えたが，同時に地域の交通の妨げになる輪中堤を撤去する動きにつながった．防災は公の仕事だから国民には責任がない（避難訓練参加程度で十分）という心地よい環境である．国家の堤防ひとつに依存する体制は，それが破綻したとき壊滅の危機に瀕する．1976 年 9 月の洪水で長良川の安八堤防が決壊したとき，輪中堤撤去済みの集落には，それ以上防護施設が存在しなかった．洪水である．そんななかでも輪中堤を維持していた集落（輪之内町）があり，地域のなかで明暗の分かれる結果となった（写真 4.5）．また，ごく一部ではあるが，先祖代々の高い盛土宅地を維持している家庭もあり，そこでは国の堤防，輪中堤，盛土宅地を合わせ，今も三重の防災体制が備わっている．

重要なのは，これら自前の施設の維持には費用が掛かることである．「安全はカネで買うもの」という信念なくしては，このようなことはできない．今後の豪雨災害の規模が見通せないこと，公の堤防整備は対象が無数にあって一朝一夕には進まないことを考えれば，とりあえず自費で自前の防災を処置しておくことの意義は大きい．

4.6　今後に向けて

国民が防災に費用を支出したがらないなかで，自治体の状況は厳しい．無策でいることは論外であり，やむをえず，廉価な防災施策に頼ることになる．その例が避難訓練であり，WEB を介した災害対応である．むろんこれらには意味がある．しかし災害が起きてからの避難は，本来の住まいや職場が被災して利用不能になったことが前提の行為であり，被害軽減には貢献しない．復旧復興の苦労は変わらない．交通や産業基盤（つまり職）が失われると，最悪の場合，復興どころか地域社会の存続すら難しくなる．本来ならこの苦労を減らしたい，これが被災者の思いであるが，残念ながら人は被災するまでこの心境にいたらない．他人に頼らず自分で費用を負担して自前の防災施設を設けておくことの意義が，ここにある．

災害後の混乱した状況のなか，被害状況を迅速に収集して的確な救援情報を配信する上で，WEBの価値は計り知れない．多くの作業を効率的に推進することができるはずである．その設置費用も，崖の補強工事や地盤強化に比べれば，はるかに廉価である．財政逼迫の自治体がWEBに頼りたがるのも無理はない．これがプラスの側面であるが，他方ではすでに指摘があるように，フェイク情報を排除することが容易ではなく，その見極めには人間の判断が必要である．

さらに筆者は，基地局の電源の問題が深刻と考えている．災害直後はバッテリーや自家発電で機能を維持できるようであるが，2024年1月の能登半島地震では，3日経過しないうちに，すでに通信途絶が始まった．基地局の電源が切れ，非常用の発電機の燃料やバッテリーの機能も24時間程度で尽きたそうである．遅ればせながら電波が7 kmほど届く基地船が出動しているが，この船は1隻だけで，到底すべての被災地はカバーできない．研究提案でドローン基地局なるものを考えている向きもあるようだが，ドローンには電波の中継以外に空中に浮かぶためのエネルギーが必要，という問題がある．滞空1時間ほどで電源の尽きるドローンでは，非常時の役に立ちはしない．充電に帰ってくるドローンに使う発電機や燃料があるなら，初めから固定基地局に回しておくべきである．空に長く浮かんでいたいのなら，気球やアドバルーンを利用する方がはるかに有効である．

このようにWEB非常時体制は美麗な手段ではあるが，脆弱である．そもそも非常時の対応や救援を電気に頼ることは，それが崩れたときにすべてが壊滅する，という意味で，先述の堤防の例と通ずるところが多い．対策としては，要所要所に衛星電話をあらかじめ配備しておくこと，個人が食糧と水と携帯トイレを平素から備蓄して孤立に備えること，そして発災後は救援がくるまでバタバタ動かず，体力消耗を避けること，情報収集はトランジスタラジオを活用すること，そしてあまり食べずにいて排泄量を減らすこと，が有効と思う．

写真 4.6　山腹傾斜地のマンション（白色）が斜面安定に寄与している例

写真 4.7　鶴見川の遊水地．平時はスポーツ施設として利用，洪水防止のためにこの低地に河川水を一時貯留する．

財政逼迫のなかで防災施設を整備していくには，どのような考え方をすればよいか，それについて私案を述べたい．公の財政逼迫は当分解消のめどが立たないので，公の及ばないところを自助共助で補わなければならない．それには，私費負担が発生する．そこでまず災害発生後に避難や復興できる準備をしていても，覆水盆に返らずという言葉が意味する通り失われたものは戻ってこない，下手をすると一家の生計の基礎，地域存続の基盤すら，失われる危険がある．そういう真理を理解していただきたい．この理解なくして防災に私費を費やす決断は不可能である．次にこの決断を下したとしても，個人の金銭負担には限界があるので，コストパーフォーマンスが大事である．公にも財政負担の仕組みはあるので，そのいたらぬ分を民間で補うべきであろう．具体的に話をすると，先述の輪中堤防のように，基礎的防災は公が担い，想定外とも言える事態（極端な豪雨災害はこれから増えるであろう）への備えを地域社会・民で担当する．公の施策を待っていては何十年もかかるところ，自前であれば実現は速い．これを多重防災体制と呼びたい．斜面災害の軽減で言えば，危険地の推定までは公が担うが，そのあとは，危険地から移転するのが民の役割である．

斜面の崩壊を防ぎたいのであれば，写真 4.6 のようなマンション兼擁壁という形式がすでに存在し，推奨に値する．これは決して珍しいものではなく，ビルディングの躯体が裏の擁壁の支えになっている例は，すでに数多く存在する．一施設二目的という考え方を広めるか広めないか，というところだけが今までとの違いである．いうまでもないが，二目的であれば，2 つの財布から建設資金の提供が期待でき，維持管理も防災当局ではなくビルディングの管理者の手にゆだねることができる．津波対策としての津波避難ビル（津波は防げないので私は逃げることだけ考えている）も一施設二目的の例であり，マンションであれば，購入者が建設と維持管理を負担してくれる．いわゆる津波避難タワーが設置からサビ止めペンキ塗り替えなどの維持管理まですべて公が負担するのと大違いである．洪水対策としての遊水地も，ふだんは農業やスポーツ施設に使用し，非常時だけ水を一時貯留して洪水量を減らしているので，一施設二目的と呼べるだろう（写真 4.7）．堤防上の道路も同様である．

4.7　まとめ

この小論の最後に，まとめとして次のように申し述べたい．

1）関東大震災は，社会が防災について数多くの教訓を学び，展望を持つ機会でもあった．さまざまな活動が始まったが，やがて消滅してしまったことも多い．

2) 地盤の性質が地震動の強弱，そして被害の大小と関連していることが実証されたことは有意義であった．しかし地盤の性質は目にみえない地下の事象であり，それを調べるにはそれなりの費用負担が必要であるため，社会の防災努力のための標準としては定着しなかった．この傾向は現在でも続いており，地盤の調査を節約したい，最小限（以下）で済ませたいとする傾向は根強い．

3) 地震時の斜面災害の軽減は困難な課題である．危険度予測手法は数多く提案されてきたが，費用負担する主体を欠くので，地盤調査によるデータ収集を割愛せざるを得ない状況が続いている．計算や情報技術がいくら精緻であっても，使用するデータの欠如のため，結果の信頼性には限界があると知るべきである．

4) 大震災の後，建築には耐震設計法が導入されるなど，公の努力で防災を推進する体制が確立された．治水の分野では，これより早く，明治政府成立以来，堤防構築などによって防災の努力が実施されてきた．これらはいずれも社会への貢献が大きかったが，同時に国民の間に防災は公の担当であるという考えが広まり，江戸時代までは存在した自助の姿勢がなくなった．防災の法制度や行政の不備に苦情を申し立てるだけで，自ら災害防止に努力する気概が社会から消滅してしまったのである．

5) 安全はカネで買うものである．災害後の緊急対応は相対的には廉価であるものの，失われた命や職場を元に戻す力はない．起こってしまった災害の規模によっては，地域社会の存続も危うい．財政逼迫の時代に入ってはいるが，公と民や個人が協働して社会を守る手立て（多重防災）を講じることが重要である．

6) 一施設二目的は，防災施設の設置と維持管理に他の費目からの資金を導入する考え方である．これは決して新規の考え方ではなく，以前から意図せずして実行されていたものである．

引用文献

井上公夫（1995）関東大地震と土砂災害．砂防と治水，28(2)，14-20．
杉山雄一（2014）5万分の1地質図幅「南部」の刊行．GSJ 地質ニュース，3(12)，366-371．

コラム2　2023年トルコの地震の印象

東畑郁生

2023年の2月にトルコとシリアで大地震災害が発生した．私はその年の6月上旬になってやっと時間ができ，被害の状況の実見に出かけた．私の関心は斜面や海岸線の変動にあり，たとえば地中海に面したイスケンデルン Iskenderun 市の海岸が地盤沈下して浸水している現場を，実際にみたかった．地震のあと4カ月たっても浸水の状況は改善しておらず，地表面が満潮時の海水面より低いため，ふだんなら雨水を海へ排出するはずの下水管から，逆に海水が侵入してきていた（写真1）．満潮時の海面位置と地表面の高さを比較して，最大70 cmほどの沈降があった，と推定している．

地震によって地盤が沈下する現象には3通りのものがある．ひとつは地殻変動である．たとえば東日本大震災のとき，宮城県の海岸を中心に最大1.5 m程度の沈下があり，津波で堤防も破壊されていたことと相まって，台風シーズンの高潮被害が大いに心配されていた．幸か不幸か，この年の台風は西日本に襲来したので，東日本は災害の継続を免れた．この種の地殻変動の原因は，沖合の沈み込み帯において日本列島の地殻が海洋底の地殻へ乗り上げることにある．乗り上げたところは海底が上昇して津波を引き起こすが，乗り上げということは地殻が太平洋の方向へ伸びることを意味し，横に伸びたものは縦に縮むポアソン比の効果がある．つまり，背後の海岸地域では鉛直の収縮すなわち沈下・沈降が顕現するのである．関東大震災でも房総半島先端では隆起したことは広く知られている一方で，東京府の中央線沿線ではわずかながら沈降した．そしてトルコの場合，初めはこのメカニズムかと思って現地に行ったのだが，実際に沈降の起きた地区は，Iskenderun 市の海岸沿い2 km程度，幅は数百 mの広さに限定されていたので，地殻変動的なメカニズムは早々に棄却した．

2番目のメカニズムは表層地盤の液状化と地盤の流動である．液状化が起こると陸地と海を仕切る護岸が不安定となって海へ向かって動き出す現象があり，たとえば阪神・淡路大震災時に神戸のポートアイランドの護岸は最大7 m移動した．横へ伸びた地盤が縦に縮むというメカニズムは，上に述べた通りである．しかし今回の場合，護岸には大した変状がなく，また海岸から海へ突き出した観光用桟橋に被害がない（写真2，護岸が動けば桟橋は押さ

写真 1　海水の侵入が続く Iskenderun 市街地

写真 2　Iskenderun 海岸の臨海公園と沖合の桟橋（入口の斜路，とくに階段に変状がない）

れて傾斜したりするはず）．何より，臨海公園の歩道の敷石には大して亀裂がなく，横へ伸びたとは思えなかった．そこでこのメカニズムも棄却した．

第 3 のメカニズムは同様に液状化関連だが，地盤から水と砂が噴出した後は，噴出物質の量に対応して液状化した土層は縦に縮む（圧密再堆積と呼ぶ）．従来の知見によれば，液状化土層の厚さの 3 ないし 5% 程度の収縮が起こりうる．このメカニズムによれは，護岸が動こうが動くまいが沈下が説明可能である．しかし 70 cm の収縮が起こるためには，14 m から 20 m の土層が液状化する必要があるのだが，現地のボーリング調査結果をみると，そのような土層は 2 m ほどしかない．1 桁違うということで，このメカニズムも容易には採用できない．

そのようなことで，本件の原因解明はいまだ未完成である．他にも地すべりの分布が異常である，一部の地域だけ震動が激しかった，など不可思議な現象がいろいろあり，トルコの災害は好奇心を刺激する災害であった．

5 関東大震災の市街地焼失
——現代の市街地の火災危険性を考える

加藤孝明

5.1 はじめに

本章では，3つの内容を取り上げる．

まず，関東大震災の未曾有の焼失被害を「延焼動態図」をもとに改めて振り返る．「延焼動態図」は，震災予防調査会によって編纂された貴重な記録のひとつである．

次に，その後の市街地の難燃化の展開を概観する．東京は3度の焼失を経験した．関東大震災，戦災，そして後述する「疑似被災」である．本格的な防災都市計画は，3度目の被災を契機に始まった．

最後に3点目は，現代の市街地の延焼危険性に関する多面的な考察である．まず，東京都の地震被害想定から現在の東京の地震火災の危険性を読み解く．続いて2016年12月に発生した新潟県糸魚川市における大規模火災を素材とし，著者らによる「延焼運命共同体（延焼クラスター）」による分析を通して，現在の市街地の延焼リスクについて考察する．最後に延焼火災による人的被害のリスクを取り上げる．関東大震災で生じたような甚大な人的被害が現在の市街地においても起こり得るか否かを，筆者の研究成果を通して考察する．

5.2 関東大震災の市街地焼失を改めて診る－延焼動態図の考察

延焼動態図から何が見えるか－高い不確実性

関東大震災では，全出火件数134，炎上火災77件（東京市役所，1926），46

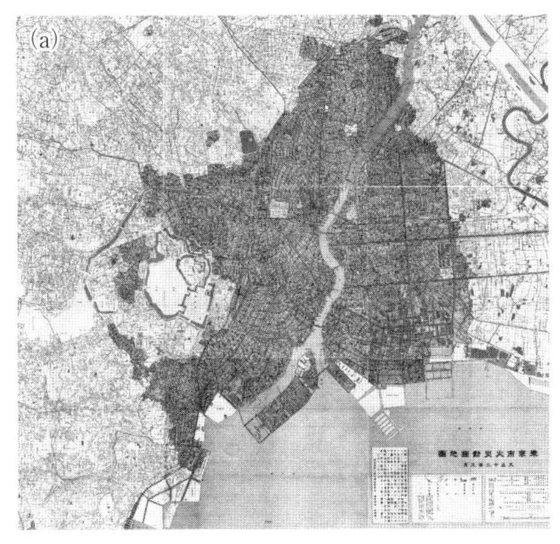
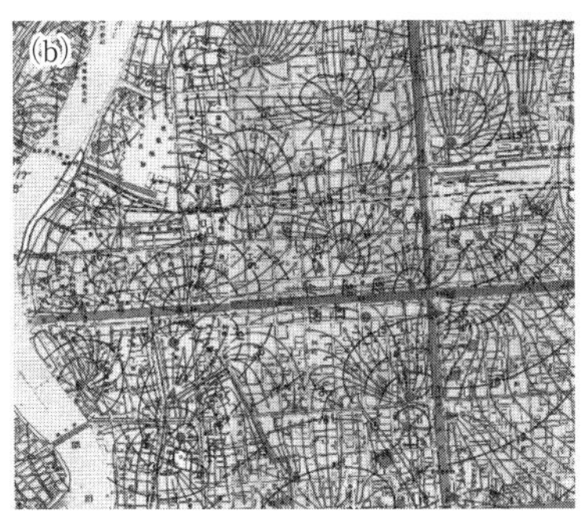

図 5.1　延焼動態図（震災予防調査会，1925）．（a）全体図，（b）拡大図．

時間にわたって延焼し，最終的に 16 万 6 千棟（東京市域）が焼失した．その被害は，棟数で東京市全体の 61.3%，市街地面積で 43.6% と未曾有のものとなった．人的被害は，約 6.6 万人（東京市）に至った．そのうち現在の墨田区両国の被服廠跡地では，地震後 3 時間半から 4 時間半後に発生した火災旋風によってその場所だけで約 4 万人もの命が奪われた．

日本建築学会・都市防火小委員会（主査：加藤孝明（東京大学））は，震災 100 周年を翌年に控えた 2022 年 9 月に「関東大震災と火災延焼動態調査―その現代的意義と活用方策」というタイトルのパネルディスカッションを開催した．関東大震災後に実施された火災延焼動態調査のデータをデジタルアーカイブし，データの現代的な活用と次世代への継承のあり方と可能性をテーマに議論を行った．延焼動態図は，当時の東京大学物理学教室の中村清二教授らによる調査であり，その結果は震災予防調査会報告第 100 号（戊）として取りまとめられた．出火点，飛火点，延焼の進んだ方向を表す線，等時延焼線，焼け止まり線が丹念な調査に基づき丁寧に描かれている（図 5.1）．

ここで，デジタル化したデータをもとに，著者らのグループで開発した可視化ソフトを使って 2 つの代表的な地区の延焼状況を詳細に見てみる．火災旋風による甚大な犠牲者が発生した被服廠跡地と，焼け残った数少ない地区のひとつである神田佐久間町である．

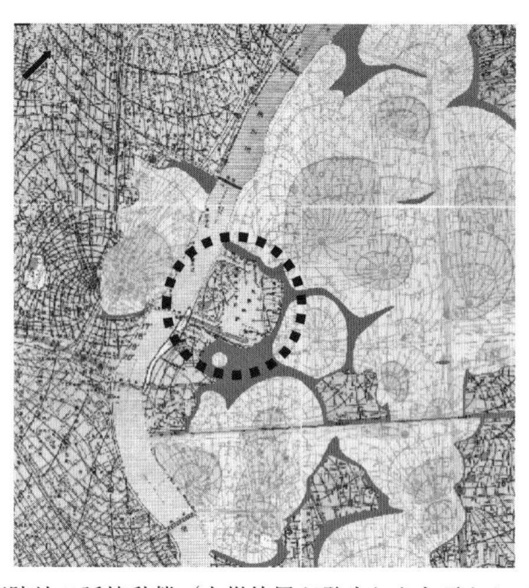

図 5.2　被服廠跡地の延焼動態（火災旋風が発生したと言われている 16 時頃）．
（筆者らが開発した延焼動態図の可視化ソフトによる；江田・加藤，2025）

まず被服廠跡地の延焼拡大状況を図 5.2 に示す．なお，図中の点線円が被服廠跡地を表す．図は火災旋風が発生したと言われている 16 時頃の延焼動態である．この状況下で約 4 万人が亡くなったと言われている．この時間の被服廠跡地周辺では，南西方面を除く三方で大規模に延焼しており，被服廠跡地は炎上する炎にほぼ囲まれていたと推察される．このときの風は，秒速 10 メートル超の強風，風向は隅田川と並行する南西であった．激しく燃える市街地では，上昇気流が発生し，川面を吹き抜けてきた強風はその隙間を通って隅田川沿いの被服廠跡地に向かって吹き込んでいたに違いない．ちょうど川が風の通り道の隘路になっており，おそらく吹き込んできた強風は，気象台の記録よりもはるかに強いものであったと推察される．この状況下で，被服廠跡地に竜巻型の火災旋風[1]が発生し，大勢の人を死に至らしめたのである．

かつて著者らは，ランダムに出火点を配置し，延焼領域で取り囲まれるエリアが出現するかどうかをシミュレーションしたことがある．ランダムな出火点で炎上する火災領域で任意の領域を取り囲むことは非常に難しいことがわかった．ましてや特定の領域を狙い撃ちしたように取り囲むことはほぼ不可能であると言ってよい．被服廠跡地のケースでは，加えてその場所に数万の規模の人が集まっていたのである．不運としか言いようのない，あるいは，恣意的としか言いようのないほどの非常にまれなケースだったと言える．

一方，焼け残った神田佐久間町では，同時に火災に取り囲まれることはなかった．地震直後，南側の堀を挟んだ直近の場所から火災が発生した．その後，時間をおいてさらに南方で発生した火災が南風に煽られて佐久間町に迫るが，そのときには堀を挟んだ直近の市街地は，直後の火災によってすでに燃え尽きていた．つまり，あらかじめ破壊消防を行ったような状況であり，南側から迫ってきた延焼火災の影響を受けずに済んだと推察される．その後，時間をおいて西側から火災が迫るが，途中まで追い風であった西風が佐久間町に近づくにつれて北風に変化する．そしてさらに時間をおいて東方から延焼火災が迫る．そのとき風は北風である．この火災領域が東側から佐久間町に達し，その後，炎上領域が北側に回り込み始める頃には，炎上領域から神田佐久間町方向の北風が180度向きを変えて南風となった．

神田佐久間町の幸運は，延焼領域が時間をおいて南，西，東，そして北と順次接近し，火災に囲まれることがなかったこと，風の条件に恵まれたことによってもたらされたと言える．当時，熱帯低気圧が日本海側を抜けていた影響で風向は変わり得るが，佐久間町の周辺の火災の進行と風向の変化は，幸運，あるいは恣意的としか言いようがない組み合わせであったと言える．いくつかの既存研究の指摘にあるように神田佐久間町が焼失を免れた要因は，住民が総出で消火活動を行ったこと，消火に使えるポンプがたまたまあった

1　火災旋風に関しては，筆者の専門領域を超えるが，マスメディアを筆頭に社会的な誤解が散見されるので，筆者なりに説明しておきたい．火災旋風と呼ばれる現象は，筆者なりの整理では，「火柱型」，「竜巻型」と呼べる2つのタイプがある．火柱型は，マスメディアが作成するCGでしばしば登場するものであり，火炎が渦巻いて火災領域の上方に立ち昇るタイプである．火柱型の火災旋風は火災領域から発せられる燃焼性のガスの供給によって形成される．火柱型の火災旋風が街中を動き回るとの見解や解説が散見されるが，誤解である．延焼していない市街地から燃焼性のガスが大量に放出され続けられるはずがないからである．

一方の竜巻型は，火災領域の近傍で発生する竜巻状の強風である．被服廠跡地で発生した火災旋風はこの型であろう．事実，被服廠跡地では，焼失していない様子が記録されている．

なお，人的被害につながる規模の火災旋風が生成するメカニズムやその発生条件は，重要な論点であるが，科学的に十分に解明されていない．

こと等，さまざまなものがある．しかし，延焼動態図を見る限り，風向や出火箇所等のいわば「偶然」の産物であったという側面があることが見て取れる．

ちなみに現在，神田佐久間町にある佐久間公園には，戦災殉難者慰霊碑がある．東京大空襲13回忌の1957（昭和32）年に建立された．そこには次のように記されている．経験からの学び方に一石を投じる教訓である．

> 大東亜戰争ようやく終局に近く 大編隊による空襲は夜を日についで苛烈をきわめ 遂に淺春風未だ寒き昭和二十年三月九日夜半 大東京一圓 空前絶後の大空襲を蒙り この地秋葉原東部地區も亦免るる能はず 沛雨にも似る焼夷弾と 猋風に乗る紅蓮の火焔は 阿修羅を現じ 阿鼻叫喚 酸鼻の巻と化す 時に當地區警防團を主体とし 老若男女擧げて防火警防につとめ 死力を尽して この地の防災に當ると雖も 精竭き根はて 劫火に其身を焼き其の命をおわる これを想起するに悲痛窮りて言をなさず 嗚呼 この悲壮にして崇高なる精神は何に由来するものぞ そは嘗つての日即ち大正十二年九月一日の関東大震災の際町民一体となして この地を災火より防守したる 社會連帯の郁々たる精神に根源する茲に難に殉ぜる四百余の靈を慰め 永久に其犠牲の精神を傳へ 世の指標となすため 十三回忌を期し 神田川畔に建立の供養塔を此地に移し 秋葉原東部連合町會傳統の志を舒べて記念とする

以上のように，関東大震災の延焼火災は，きわめて不確実性が高いこと，そして実際の現象はあり得る現象のなかのひとつに過ぎないことを改めて認識する必要がある．災害発生時の偶然によってもたらされる状況は，被服廠跡地のきわめて不運な場合から，神田佐久間町のようなきわめて幸運な場合まで，その幅は非常に大きい．将来の延焼火災においてもこのような不確実性が存在することを改めて認識することが大切である．

関東大震災からの学びの余地はまだ大きい．その際には，当時と現在の市街地状況，社会状況の違いを十分理解することが重要であろう．当時の市街地は，高密・コンパクト，対して現在は，当時と比べれば建物密度は低密度になり，市街地は超広域に拡大した．加えて，現在の木造は，当時の裸木造と比べ難燃性は格段に高い．老朽木造住宅でも昭和30年代以降に普及したモルタル吹付が外壁に施されており，揺れによって剝がれる可能性があるものの，当時と比べれば防火性能は高い．人口規模は，当時の人口200万人（東京市）に対して現在は964万人（東京区部，2024年1月）である．消防力は，当時，消防署6署，常備消防員はわずか824名，現在の消防戦力とは比較にならないほど粗末であった．一方で，当時の市民にとって火災現場は身近であり，火災への対処は心得ていたと推察される．現在を見る場合，プラスマイナスの両面に目を向ける必要がある．

5.3　関東大震災以降から現在までを振り返る

3度の焼失：関東大震災，戦災，「疑似被災」

東京は3度の焼失を経験した．1度目は1923年の関東大震災である．2度目はその約20年後の1944-1945年戦災である．1944年から1945年にかけて東京は焼夷弾による空襲を受け，市街地火災を伴う被害を受けた．なかでも1945年3月9日夜半からの東京大空襲では，大半の市街地が焼失し，10万人以上の死者をもたらした凄惨な被害となった．関東大震災に引き続き，再び東京の市街地が全面的に焼失したのである．そして3度目は，さらにその約20年後の東京オリンピックを終えた頃の「疑似被災」である．疑似被災とは，当時，関東地震の再来の可能性が俎上にあがり，三たび市街地が全面延焼する可能性がリアリティをもって社会的に認識されたことを指す．

当時，東京大学の地震学者の河角 廣博士による関東地震69年周期説が流布し，関東地震が再発すれば，またもや市街地が全面焼失し，多大な人命が失われることになるとの危機感が高まった．こうした危機感を背景として東京消防庁では「東京都の大震火災被害の検討」（1961年）が行われ，そこでは発災5時間後で延焼被害は1320 haに達し，消防力は劣勢のまま，延焼拡大すると想定された．

1923年に街が燃えて人が大量に亡くなり，そのわずか20年後の1945年にまた街が焼失し人が死に，そしてまたその20年後にまたもや同じか，それ以上の惨状となるかもしれないという状況認識に至ったのである．わずか

60年の歴史の中での3度目の被災の可能性という切実な危機感が社会全体として意識されたのである．これを契機に防災都市計画は本格化した．

現在もなお，この流れのなかにあると言ってよい．関東大震災，その20年後の戦災，その20年後の擬似被災，そしてその30年後に阪神・淡路大震災を経験することになる．阪神・淡路大震災では，神戸市で延焼拡大し，約65 ha, 6148棟が焼失した．神戸の延焼被害は，非常に大きな延焼被害として社会にインパクトを与えたが，数字のとおり，関東大震災や戦災と比べて格段に小さい．この事実は必ずしも市街地が安全になったわけではなく，弱風下であったこと，および，神戸という街の特性が反映したものと解釈できる．後述するように現代の大都市では各段に大きなリスクが潜在している．このことを社会は再認識する必要がある．

そして現在，阪神・淡路大震災の約30年後に，関東大震災100周年を迎えた．現在は，関東大震災から20年，20年，30年，そして30年という時代の節目にあると言える．次の30年，あるいは次の20年，これまでの文脈のなかで現在という時代になすべき責務を改めて意識する必要がある．

2度の復興と都市の不燃化の歩み

2度にわたる市街地の全面焼失後の復興は，1666年ロンドン大火後の復興がそうであったように不燃都市の好機になり得たはずである．しかし，東京の場合，いずれの復興でもそれは成し遂げられなかった．いずれの復興でも，当初，大きな構想が描かれたものの，残念なことに縮小を余儀なくされた．関東大震災の復興では，大風呂敷とも表される後藤新平の大構想が掲げられたが，その後縮小される．しかし骨格となる幹線道路が建設され，焼失市街地では土地区画整理事業によって近代都市にふさわしい都市基盤が整備された．加えて，復興小公園や復興小学校，また隅田川の橋梁等，次の時代を見すえた復興文化とも言える新たな都市の形態を創出した．しかし庶民の建築物は従前と同じ木造で再建され，加えて被災後，墨田区北部等の震災当時農地だった地域では，焼け出された市民の受け皿として大量の長屋が無計画に供給され，後の時代に問題となる木造密集市街地が生み出された．

続く戦後復興では，復興計画が策定されるもドッジラインによる緊縮財政に伴い，その規模が縮小された．土地区画整理事業による復興事業は実質的に駅前等に限定されてしまった．描かれた理想は途中で挫折したのである．

一方，建築物単体の不燃化に関しては，江戸時代から引き続き，都市大火が頻発した明治期にその萌芽が見られる．1872（明治5）年の銀座大火後の煉瓦街の建造に始まり，関東大震災以前から建築レベルの不燃化では一定の努力はなされていた．しかし都市スケールでみれば，点とも言えるようなごく一部の地点に限られていた．その後，線的，面的な不燃化の気運は乏しく，そのまま戦災を迎える．戦後は，頻発した都市大火を受け，大火の原因である燃えやすい建築物群の改良と基盤整備を目的とする対策が本格的に展開した．耐火建築促進法（1952（昭和27）年5月）による防火建築帯，防災建築街区造成法（1961（昭和36）年6月）による防災建築街区が全国の都市の中心地で建造された．その流れの終着が現在につながる都市再開発法（1969（昭和44）年6月）による市街地再開発である．

以上のように不燃化では，点―線―面への展開が進められた．ただし，都市スケールで見れば，部分的な取り組みであったと言える．

「疑似被災」以降の防災都市計画

市街地の延焼防止を目的とした都市計画が本格化するのは，疑似被災からである．1964年頃の疑似被災を受けて，防災都市計画は本格化し，最終的に昭和50年代，昭和60年代，平成の時代を経て現在の形につながっている．

戦後復興が一段落し，東京の市街地は再興した．しかしその大半は木造市街地として再興した．むしろ，「再興してしまった」と言った方がよいかもしれない．写真5.1（a）は，1960年代の錦糸町辺りから都心方面を展望した写真である．隅田川の向こう側の都心地域には耐火建築物を遠望できるが，手前の墨田区では街区が形成されているものの，街区の中は狭小な木造建築物によって密に充填されている．

しかしその後の経済成長，それに伴う建て替えを通して，現在までに都心地域の不燃化は確実に進んだ．写真5.1（b）は西側から墨田区両国，錦糸町をヘリコプターから鳥瞰したものである．両図は，この期間での確実な不燃化の成果を明瞭に示している．

(a)　(b)

写真 5.1　墨田区両国から錦糸町の空撮写真．(a) 1960 年代の錦糸町から両国，そして都心方向（東から西）を展望する．(b) 2014 年 9 月，両国から錦糸町方面（西から東）を展望する（東京消防庁ヘリから著者撮影）

しかしその一方で，この間，市街地は郊外に急速に拡大し，市街地の総量も爆発的に増大した．市街地の広がりは，今の市街地からみれば，関東大震災当時はきわめてコンパクトであり，ほぼ終戦までその状態が続いた．その後の高度経済成長期から爆発的に拡大し，そして現在に至った．加えて高度経済成長期前半に急速に市街化が進んだ時期には，環状 6 号線から 7 号線にかけてのエリアが現在に禍根を残すことになる木造密集市街地として無計画に宅地化された．当然のことながらこうした市街地は，震災も戦災も未経験であり，大きな被災リスクが潜在している．

こうした爆発的に集積，拡大した広域高密市街地の脆弱性を緩和，あるいは解消することを目的として 1960 年代に防災都市計画は始まる．

東京都は 1969 年に，疑似被災によって 3 度の悲劇が認識された江東地区（墨田区，江東区）を対象に，住民が避難できる広場を有する防災拠点を整備する「江東再開発基本構想」を策定した．燃える市街地を前提として何としてでも人命を守ることを主眼とした計画である．この防災拠点構想に基づいて整備が進み，1982 年竣工の白鬚東防災拠点を含めて完成に至っている．

これと並行して本格的な防災都市計画は展開する．現在の防災都市計画は，1980 年代の都市防災施設基本計画を経て，防災都市づくり推進計画という名称で公表されている[2]．初版は阪神・淡路大震災後の 1997 年に策定され，定期的な改定を経て現在に至っている．

計画の主要な要素は，避難場所の確保，延焼遮断帯の整備，そして密集市街地の改善の3つである．現在の型に至るまでを概観する．おおむね昭和40年代，人命を守るための避難場所の確保に始まり，おおむね昭和50年代には延焼被害の局所化と延焼遮断帯の計画と整備[3]，そしておおむね昭和60年代からは，市街地整備による密集市街地の改善と難燃化へと展開した．現在の防災都市計画の基本構造は，上記の3つの要素で都市全体の市街地延焼に対する脆弱性の緩和を図っている．なお，延焼遮断帯とは，幹線道路をつくり，その沿道に耐火建築物を集積させることによって，延焼拡大火災の輻射熱を遮断し，消防力がなくとも焼け止まるようにする施設である．

ここで時代を遡って読むと，多重のフェールセーフが都市に装備されてきたと解釈できる．出火条件が良ければ，つまり風が弱く，かつ延焼しにくい場所からの出火，あるいは消火しやすい場所からの出火の場合，狭い範囲で鎮火させられる可能性がある．これまでの市街地整備によって，そうなる確率は着実に高められている．しかし条件が良くない場合，延焼拡大することになるが，幹線道路等で延焼遮断帯が待ち受けており，延焼をそこで遮断することができる．さらに強風で飛び火があるような最悪の条件の場合，延焼遮断帯を越えて延焼拡大する可能性はゼロではない．たとえそうなったとしても，最後の砦として都民の生命が守られる避難場所が備えられているという構造となっている．

防災都市づくりは展開してきた昭和40年代から平成にかけての時代は，都市に活力があり，市街地の変容が激しかった時代であった．こうした時代背景が防災都市づくりを後押ししたと言える．たとえば，延焼遮断帯は，モータリゼーションへの対応としての道路建設を兼ねていたからこそ，整備が進んだ．つまり，当時の日常の課題と防災課題が一致していたことが推進の

2　防災都市づくり推進計画は，阪神・淡路大震災後の1996（平成8）年に基本計画が，翌年に整備計画が策定され，その後，定期的に見直しが進められている．最近ではおおむね5年ごとに改訂が行われている．なお，筆者は，防災都市づくり推進計画検討委員会委員を長年務めている．

3　1983（昭和58）年「都市防災施設計画」で計画化される．

原動力となったと言える．今後の防災都市づくりを考える場合，現代の，そして近未来の時代に対応する新たなアプローチが必要とされる．

2021 年版の防災都市づくり推進計画では，新たなゾーニングとして「農地を有し防災性の維持，向上を図るべき地域」が多摩地域に設定された．それまでの考え方は，区部を中心とする既成市街地を対象として，そのなかから脆弱な市街地を特定し，対策を重点させることであった．しかしその間，多摩地域では，農地が無計画に宅地化し，次第に建物が立て詰まり，密集市街地予備軍ともいえる状況となっているエリアが散見されるようになった．脆弱な市街地の改善だけではなく，未然防止の発想が新たに導入された．

依然として東京の市街地は延焼危険性を有している．今後，これからの時代を見据えた新たなアプローチを見出し，時代に対応していく必要がある．

5.4 現在の市街地の火災危険性を考察する

行政の地震被害想定に見る火災危険性

現在の東京の市街地はいかほど燃えるのか．ここでは 2022 年 5 月に東京都が発表した地震被害想定[4]をもとに解説する．10 年前の前回想定（2012 年 4 月）と比較すると，倒壊被害，焼失被害ともに 3-4 割程度減少した．火災に関しては，出火件数が相当減少し，その影響から焼失被害は大きく低減した．ただし，その全壊・焼失の絶対量は，未だ関東大震災の 2/3 の約 20 万棟と甚大である．建物倒壊等を含めた総被害棟数は，阪神・淡路大震災の 2 倍にのぼる．火災総被害に関しては，関東大震災と比べ，まだ半分程度の約 10 万棟が延焼するという結果となっている．

地震被害想定では最悪のケースが計算されることが多いが，ここで使われている延焼被害の想定手法は[5]，最悪想定ではなく，むしろ平均的な被害を

4　筆者は，前回（2012）と今回（2022）の地震被害想定を所管した東京都防災会議地震部会のメンバーを務めた．

5　筆者は東京都防災会議地震部会メンバーとして参画した．延焼被害は筆者らが開発した延焼クラスター方式が採用されている．この手法は，出火が確率事象であることをふまえて焼失棟数の期待値を算定するものである．

想定したものである．5.2 節で見たとおり，延焼火災は，出火点や風の条件に起因する高い不確実性を有している．不運な条件が揃った場合，上振れする可能性もあることに留意する必要がある．

現在の市街地は燃えるか？：延焼運命共同体（延焼クラスター）による分析

2016 年 12 月日本海沿岸に位置する新潟県糸魚川市で大規模火災が発生した．駅前の飲食店から出火し，南風の強風に煽られ，海まで到達して焼け止まった．マスメディアを含め現代社会は，今の日本でもこのように燃える市街地があるのかという感覚で受け止めたようである．焼失棟数は合計 147 棟であった（図 5.3）．この数字を 147 棟も焼失したと見るべきか，147 棟で済んだと見るべきか，正しい理解が必要である．

昭和の最後の都市大火と言われている 1976 年の酒田大火では，1774 棟が焼失した．過去の都市大火では，1000 棟の単位で焼失したことを思い起こす必要がある．こうした数字に照らせば，147 棟で済んだと理解するのが適切であろう．

風向については，南側から海に向かって吹いていたことが幸いした．もしも東西に振れていれば，焼失被害はさらに拡大したであろう．また当時，報道や一部の専門家から密集市街地が延焼したという発言が見られた．しかし，焼失した市街地は，東京，大阪の市街地と比べれば，疎であることが一目瞭然である．

糸魚川程度の「延焼運命共同体」は，全国に山ほどあるというのが実態である．延焼運命共同体とは，出火すると最終的に延焼拡大し，焼失してしまう建物群のことを指し，延焼クラスターとも呼ばれる．地震被害想定の火災被害の標準手法となっている筆者らが開発した手法である．クラスターの生成では，隣棟間隔と個々の建物の燃えやすさが考慮されている．

図 5.4 は東京の延焼運命共同体（2015）を表したものである．同じ色調で塗られている建物群がひとつの延焼運命共同体を表している．たとえば，ある色調から出火すると，同じ色調の建物群は全部燃えてしまう可能性があることを表している．当時のデータでは，大きいクラスターは 1 万棟を超えることもまれではなかった．

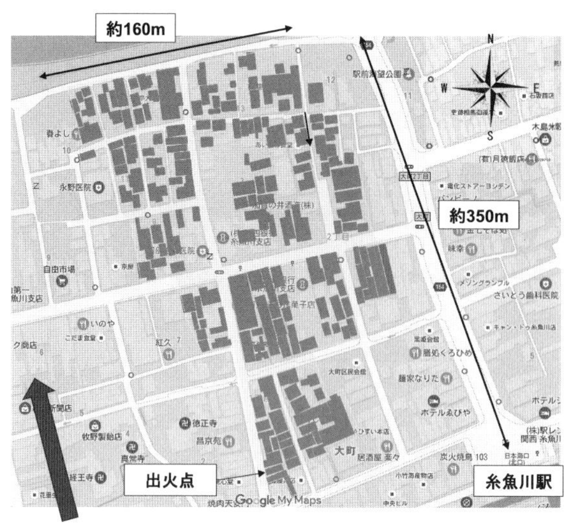

2016年12月22日
10時20分頃 発生
10時28分 覚知
20時50分 鎮圧
12月23日
16時30分 鎮火

焼損 147棟
(約4ha)
全焼 120棟
半焼 4棟
部分焼 20棟

最大風速 13.9m/s
(12月22日10:20現在)

避難勧告 744 人(363 世帯)

図 5.3 糸魚川市の大規模火災（筆者作成）

東京の延焼運命共同体と阪神・淡路大震災の神戸市での延焼被害と比較してみる．図 5.5（右下・左上）は，吉祥寺駅周辺と荻窪駅周辺を 2015 年データで示している．阪神・淡路大震災で最も広い範囲が焼失した神戸市長田区新長田駅の北側の焼失エリア（図 5.5 左下）と上記の延焼運命共同体を比べると，東京の運命共同体の大きさがよく理解できる．東京での地震火災のイメージは，阪神・淡路大震災当時の神戸をはるかに超えるのである．三鷹市吉祥寺ぐらいまで郊外にいくと，建物密度が下がり，やっと神戸の被害並みの大きさになることが見て取れる．参考までに比較のために糸魚川市の被害範囲も図示しておく（図 5.5 左中）．比べ物にならないほど小さいことがわかる．東京に潜在する延焼危険性は甚だ大きいのである．

糸魚川市大規模火災に対する社会の反応を見る限り，社会は市街地火災のイメージを相当過小に評価していると言える．次の首都直下地震の地震火災に関しては，「想定外の状況」と言わざるを得ない状況が起こる素地が，すでに社会の中にでき上がっているとも言える．社会の市街地火災に対するリスク認識の是正は喫緊の課題である．

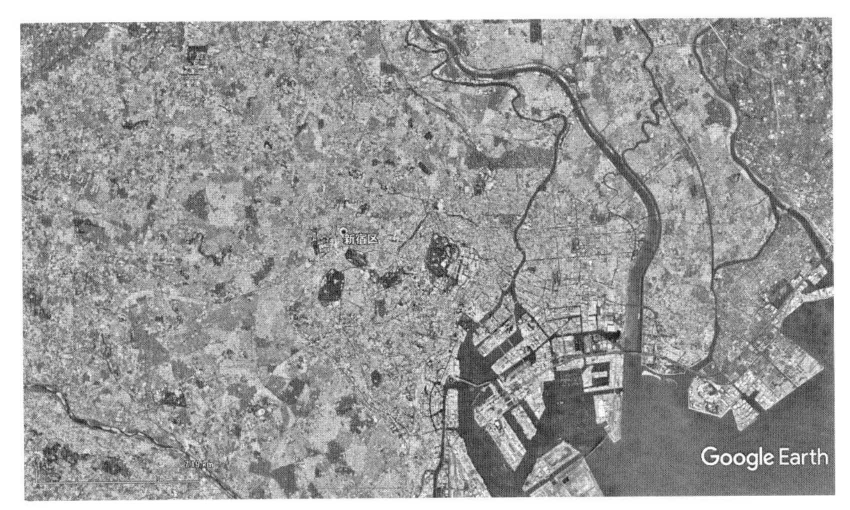

図 5.4　東京の延焼運命共同体（筆者作成）

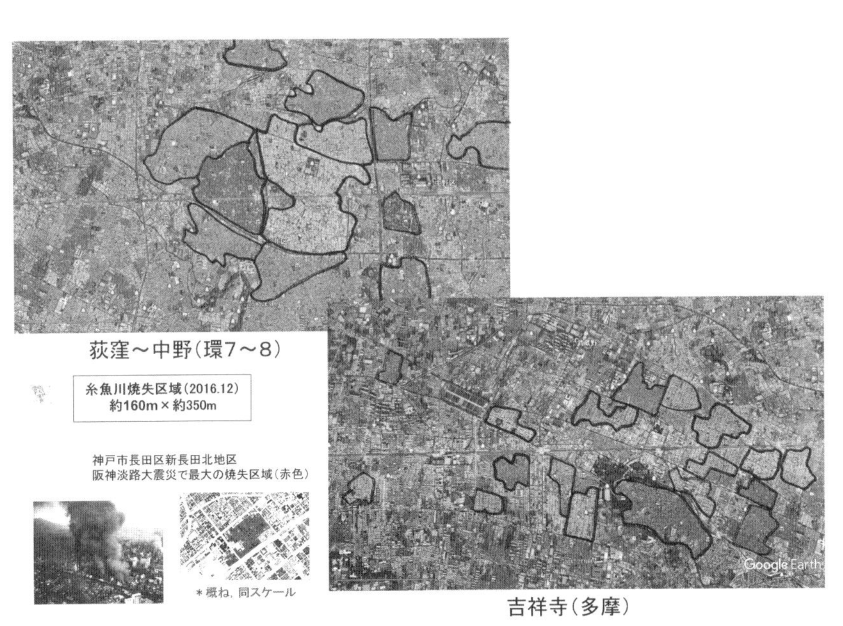

図 5.5　市街地延焼事例と東京の市街地の比較（筆者作成）

市街地延焼の危険性は大都市郊外も例外ではない．大きな延焼運命共同体は各所に存在する．首都圏郊外の住宅地も例外ではない．東京に匹敵する非常に大きな延焼運命共同体が存在する．もちろん建物密度は，東京の密集市街地と比べてはるかに疎であるが，複数棟火災になれば延焼拡大する可能性がある．同様の分析に基づくと，首都圏以外の地方都市でも神戸並みの焼失被害が出る可能性は十二分にある．

最後にまだ畑が残る東京都内の郊外住宅地の世田谷区に隣接する東京都狛江市と糸魚川市の焼失市街地の密度を目視すると，宅地化された部分だけを見れば，糸魚川市の市街地と比べ，遜色のない密度である．もちろん糸魚川市と比べれば，建物は新しく難燃性も高い．しかしそのことだけで郊外住宅地は延焼しないとは言えないことが示唆される．

重要な点は，市街地は過度に密集していなくても延焼すること，さらにそのような市街地は日本各地の至るところに存在していることである．国土交通省では，「地震時に著しく危険な密集市街地（いわゆる危険密集市街地）」を指定している．危険密集市街地とは，「燃える，かつ逃げられない」恐れのある密集市街地のことである．「燃えるけれども，避げられる」市街地は，この定義には含まれない．糸魚川市や能登半島地震で焼失した輪島市の市街地は，後者に該当する．そうした市街地が全国各地に存在することを忘れてはならない．

5.5　現在の市街地において大量死はあり得るか？―市街地延焼と連動する避難シミュレーションによる大規模計算による分析

東京都の地震被害想定によると，火気の使用が最も多い冬の夕方 18 時では，火災被害による逃げまどいによる人的被害は，約 2500 人と想定されている．関東大震災の死者と比べると，各段に少ない．実は，最近の地震被害想定調査では，火災による人的被害の算定において精緻なシミュレーションを行っていない．過去の事例データによる焼失被害と人的被害の関係をもとにした概算である．ただし，両者の関係は，過去の災害事例は少ないため，統計処理とは呼べない程度の定性的な関係性に過ぎない．

ここでは，著者らが構築したシミュレーションの分析結果を紹介しながら，本節タイトルの問いに答える．

延焼火災が拡大するなか，人々は避難場所を目指して避難する．これが首都直下地震で想定される状況である．開発したシミュレーションは，市街地火災と広域避難シミュレーションが連動するモデルであり，この状況を描出可能である．ここで，著者らのグループが「品行方正モデル」と呼ぶ設定で計算した結果を示す．品行方正モデルとは，人も市街地も「品行方正」であり，すべての人は逃げ遅れない，かつ指定された避難場所に速やかに避難すると仮定している．また市街地も品行方正とし，建物が倒壊したり，道路を閉塞させることはないと仮定したモデルである．加えて，同時出火であると仮定し，風向は北北西，風速は 8 m/s と一定とした．いずれも死者の発生という点からは好条件である．

なお，シミュレーション開発にあたっては，避難行動モデルが重要になるが，現代人が大規模な市街地延焼に遭遇したときの避難行動については経験の蓄積が皆無なため，わからない．この研究では，CG で実際の街と火災状況を表現し，VR 技術を用いて被験者に体験してもらうことによって現代の避難行動特性を把握した．シミュレーションモデルにはこの実験で得られた避難行動を規定するパラメータが組み込まれた．

杉並区，中野区の 120 万人が居住するエリアを対象として 3000 回の試行を行った．図 5.6 は，人的被害の発生状況を度数分布にまとめたものである．平均すると概数で 200 人前後の方が命の危険に晒されるという結果が得られた．おおよそ被害想定調査による概算値とオーダー感は近い．着目すべきは，右側に伸びるロングテールである．件数は少ないものの，場合によっては，1000 人から 4000 人程度の死者が発生する可能性があることを示している（図 5.6）．これは，現在の市街地に潜在するまさに「想定外」の状況である．前述のとおり，計算の前提は品行方正モデルである．品行方正でなかったとしたら，このロングテールは分厚くなる可能性が高く，頻度が少ないからと言って無視できるものではないと考えられる．

想定外の状況を事前になくすことが今の時代の任務である．研究では，大量死する場所の特定を試みたが，まだ結論は出ていない．今のところ一定の

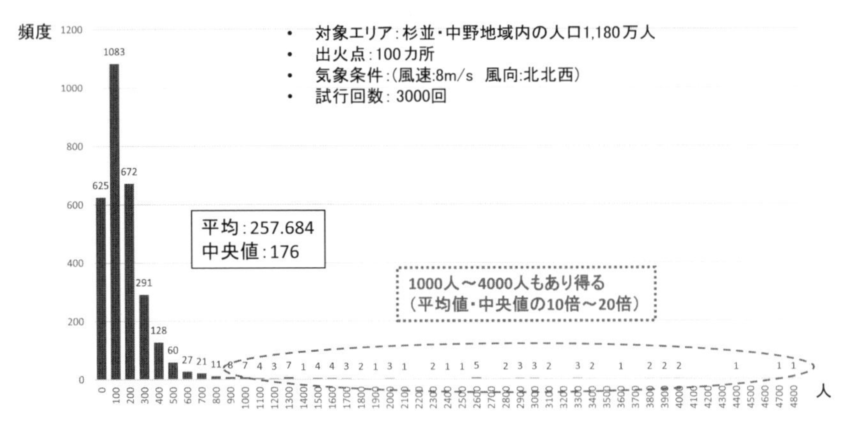

図 5.6　延焼・広域避難連動シミュレーションによる人的被害の度数分布（3000 回試行）（加藤，2016）

法則を読み取ることができる．避難所周辺と大きな交差点付近では大量の人的被害の可能性がみられることが多い．こうした場所の共通する特徴は，避難者が集中する箇所であること，かつ，延焼しやすい市街地であることである．それを必要条件として，そこで出火した場合，大量の人的被害のリスクが顕在化するという構造である．

大量死という想定外の事態をあらかじめ生じないようにするため，今後，大量死が発生する箇所を特定する研究を進めるとともに，それを防ぐことができる出火および延焼防止策，避難誘導策等の最適組み合わせを導く必要があると考えている．

5.6　まとめ

市街地の延焼に関しては，非常に高い不確実性があり，最悪の事態は常に潜在している．都市の不燃化については，震災復興と戦災復興の2度の復興では，ごく一部にとどまり，十分な成果を挙げることができなかった．3度目の被災，すなわち疑似被災を経験し，それを契機に遅ればせながら都市計画的な対策は始められた．そして現在までの多大な努力によって多重のフェールセーフの仕掛けが構築された．

一方で，その間，市街地は爆発的に拡大するとともに，新たな密集市街地が形成された．現状としては，市街地の延焼リスクは依然として受容できるレベルにはない．時代の変化に応じた新たなアプローチが必要とされる．東京の地震火災からの避難対策については，万が一に備えたさらなるフェールセーフの拡充があってもよい．今後の検討を期待したい．

市街地火災は，江戸時代以来，日本の大都市の宿命とも言える問題である．時代感を意識し，今の時代的な責任を果たす必要がある．

参考文献

江田敏男・加藤孝明（2025）延焼動態図の時間補間と可視化．日本建築学会技術報告集，31(77)．

加藤孝明ほか（2006）建物単体データを用いた全スケール対応・出火確率統合型の地震火災リスクの評価手法の構築．地域安全学会論文集，8，279-288．

加藤孝明（2016）大都市の地震火災の危険性とその対策課題．日本地震工学会論文集，16(5)，5_22-5_32．

震災予防調査会（1925）「震災予防調査会報告　第百号（戊）関東大地震調査報文火災篇」．

中央防災会議・災害教訓の継承に関する専門調査会（2006）「1923関東大震災報告書―第1編」．

東京市役所（1926）東京震災録，泰雲堂書店．

東京消防庁（1961）東京都の大震火災被害の検討．

東京都（2021）防災都市づくり推進計画．

東京都（2022）首都直下地震等による東京の被害想定（令和4年5月25日公表）．

日本建築学会（2022）関東大震災と火災延焼動態調査―その現代的意義と活用方策．2022年度大会（北海道）研究集会資料．

コラム3　地震時の火災対策としての建物の耐震性確保の重要性

目黒公郎

図1は1923年関東大震災時の火災（震後火災）に関して，私の研究グループが当時の調査結果と諸井・武村（2002）が木造建物の全潰率（現在の全壊ではなく，倒壊や崩壊の意味）から評価した震度を用いて整理したものである（目黒ほか，2003）．この図をみれば，震度の大きな地域（全潰率の高い地域）で多くの火災が発生するとともに，その多くが延焼火元になっていることがわかる．一方で，建物被害率が低い地域では，出火してもその多くが即時に消し止められている．また，図2をみれば，全潰率の高い地域でも，火元家屋が倒壊していないケースでは，多くが消し止められている．初期出火した火災に対する消火活動は，揺れている最中に行うわけではないので，対象地域の揺れの強さの問題ではなく，建物の被災程度が重要なことがわかる．この状況は，裸火（直火）を多用していた関東大震災時にのみに特有ではなく，図3をみれば現在でも同様なことがわかる．

直火を多用していた関東大震災の時代の火災と，通電火災が主な原因となっている最近の震後火災では出火原因が異なっている．しかし初期出火と建物被害には高い正の相関があるし，出火原因が何であれ，延焼火災は出火した火元に対して適切な消火活動が実施されない場合に起こる．震後火災は同時多発なので，出火件数の上で公的消防の対応力をはるかに超える．しかし，

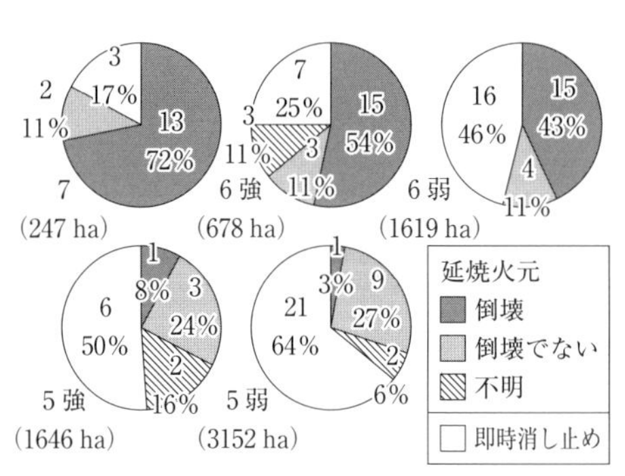

図1　震度別の出火・延焼状況（関東大震災時の震度は諸井・武村（2002）による）

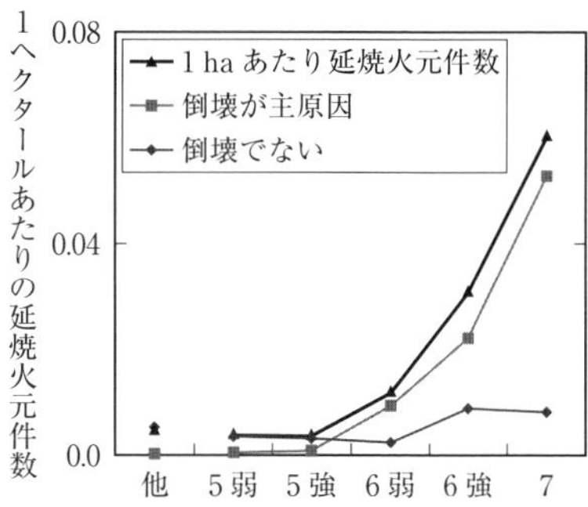

図2　延焼を引き起こした火元と建物被害の関係

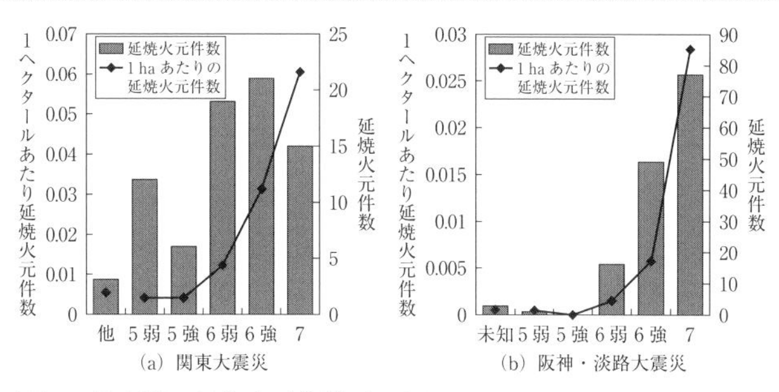

図3　震度別の延焼火元件数（関東大震災時の震度は諸井・武村(2002) による）

震後火災は小規模なものから始まるので，市民による自主消火が可能で，しかも効果的だ．ところが，この市民による初期消火が建物の揺れ被害で困難になる．この背景には次の5つの理由があり，そのうちの4つは被災建物の問題である．

ひとつめは初期消火の担い手である市民が被災家屋の下敷きになり対応できなくなる．2つめは初期消火可能な市民が下敷きになった人々の救出を優先し，初期消火が後回しになる．3つめは壊れた建物の下や中からの出火では，素人による消火は困難である．4つめは倒壊家屋による道路閉塞により，市民であっても消防士であっても火災現場に到達できない．5つめは地震の後の同時多発の火災も平時の火災と同様に考え，消防士が駆けつけてくれると勘違いし，初期消火のタイミングを逃す．このように，震後火災の効果的な対策において建物の耐震性の確保は最重要であるが，その認識が一般的に低いので注意喚起が必要だ．

参考文献

目黒公郎ほか (2003) 関東大震災の延焼火災に与えた建物被害の影響について．生産研究，55(6)，577-580.

諸井孝文・武村雅之 (2002) 関東地震（1923年9月1日）による木造住家被害データの整理と震度分布の推定．日本地震工学会論文集，2(3)，35-71.

6　関東大震災から「100年後」の地震火災リスク

廣井　悠

6.1　はじめに

「愚者は経験に学び，賢者は歴史に学ぶ」という言葉は，鉄血宰相と呼ばれたオットー・フォン・ビスマルク（1815–1898）によるものとされている．巨大災害はまれな現象であり，多くの人にとって巨大災害による被災は初めての経験となる．それゆえ，防災・復興の世界においてこの言葉はとくに大きな意味を持つ．

いまから約100年前の1923年9月1日に発生した関東大震災では，10万5000人にも及ぶ甚大な人的被害が記録された（武村，2023）．具体的な被害は内閣府による「災害教訓の継承に関する専門調査会」報告書（内閣府，2006）にくわしいが，驚くべきは当時の研究者の精力的な調査により，火災の延焼動態図から広域避難・復興にいたるまでの詳細な記録が残されている点である．わが国はそれから100年の間，帝都復興計画をはじめとして現在にいたるまで，都市大火や戦災の教訓等も適宜加えながら市街地整備や社会制度を充実してきたが，その根拠にはこれらの記録や教訓がある．このことからも，被災直後の徹底的な災害調査の重要性が示唆されよう．

さて，この地震は強い揺れによる建物倒壊，土砂災害，津波などさまざまなハザードが関東地方を中心に襲ったものである．たとえば建物被害については，東京府で約1万2000棟の住宅が全壊したことで約3500人が亡くなり，また揺れの強い神奈川県の建物倒壊被害はとくにひどく，4万7000棟が全壊することで約5800人が亡くなったと言われる．一方で火災被害はこれら揺れによる被害を大きく上回った．東京市では134件の出火で市域の4割である3470 haが焼け，約16万6000棟が焼失，約6万6000人が火災によって犠牲になっている．また横浜市では289件の出火で約1300 haが焼け，約2万5000棟が焼失し犠牲者は2万4000人であったと言われる．さらに横須賀市では，地震直後に海岸地帯にある海軍の石油タンクが損傷し，これが海面に流れて火がつき火災にいたるといった，東日本大震災時に宮城県気仙沼で発生した津波火災に似た現象も発生している．そして津波被害は，伊豆半島の伊東で最大9 mの津波が襲来し，約1000戸が流出して79人が亡くなったほか，熱海では高さ最大12 mの津波が来て162戸が流失し，71人が亡くなるなどの被害が知られている．また地盤災害は小田原の国鉄熱海線付近において本震直後，近くの斜面で地すべりが起きたことにより，駅舎と乗客をのせた列車が海中に転落し約200人が命を落とし，さらに800カ所以上で液状化が発生したという記録もある．さらには，この地震をきっかけとして複合災害も発生しており，たとえば，関東地震の2週間後の台風による豪雨で，地震で崩壊した斜面における土石流が多発し，170棟が押し流されたという記録もある．

このように関東大震災はさまざまな災害現象が発生している．しかしながら，とくに甚大な人的被害の要因となったものが市街地火災による被害であった．たとえば表6.1のように，建物被害については東京市の多くが，もしくは横浜市の半分以上が火災によるものであり，両市ともに死者・行方不明者のほとんどが火災に伴って発生している．表6.2はとくに大きな被害を呈した東京市の死者・行方不明者数を示したものだが，これによれば同じ東京市でも地域による差がきわめて大きく，死者・行方不明者は本所区が飛び抜けて多い．この理由は後述するものの，ここからも当時の東京市15区の東部地域は燃え尽くされ，それによって少なくない人的被害が発生したということがわかる．

さて，この地震の震源断層面は神奈川県から千葉県にかけたエリアであり，東京市の揺れはそこまで大きいものではなかった．たとえば甚大な犠牲者を出した本所区は震度6強，深川区，浅草区，神田区は震度6弱と推定されるが，日本橋区にいたっては震度5であったことがわかっている（諸井・武村，2004）．では，なぜ揺れが比較的小さかった東京市で，これほどまでに大き

表 6.1 関東地震による住家被害棟数および死者数の推計（武村，2023；内閣府，2006）

府県	住家被害棟数							死者数（行方不明者含む）				
	全潰	（うち）非焼失	半潰	（うち）非焼失	焼失	流失埋没	合計	住家全潰	火災	流失埋没	工場等の被害	合計
神奈川県	63577	46621	54035	43047	35412	497	125577	5795	25201	836	1006	32838
東京府	24469	11842	29525	17231	176505	2	205580	3546	66521	6	314	70387
千葉県	13767	13444	6093	6030	431	71	19976	1255	59	0	32	1346
埼玉県	4759	4759	4086	4086	0	0	8845	315	0	0	28	343
山梨県	577	577	2225	2225	0	0	2802	20	0	0	2	22
静岡県	2383	2309	6370	6214	5	731	9259	150	0	171	123	444
茨城県	141	141	342	342	0	0	483	5	0	0	0	5
長野県	13	13	75	75	0	0	88	0	0	0	0	0
栃木県	3	3	1	1	0	0	4	0	0	0	0	0
群馬県	24	24	21	21	0	0	45	0	0	0	0	0
合計	109713	79733	102773	79272	212353	1301	372659	11086	91781	1013	1505	105385
（うち）												
東京市	12192	1458	11122	1253	166191	0	168902	2758	65902	0	0	68660
横浜市	15537	5332	12542	4380	25324	0	35036	1977	24646	0	0	26623
横須賀市	7227	3740	2514	1301	4700	0	9741	495	170	0	0	665

な人的被害が発生したのだろうか．これは地震発生時の時刻や気象条件，さらには木造建物の多さやその密度，そして避難行動に関する諸課題などさまざまな原因が考えられている．

はじめに，関東大震災は多くの家庭が昼食の準備をしたと考えられる正午近くに発生した強風下での地震であった．また関東大震災当時の東京市や横浜市においては，木造建物が密度高く建て詰まることで延焼危険性のきわめて高い市街地が構成されていた．さらに避難行動については，本所区の死者・行方不明者が飛びぬけて多い点にその理由を見出すことができよう．というのも，関東大震災で最大の犠牲者を出した場所は被服廠跡と呼ばれた避難空間であった．ここでは多くの住民が発災後に避難していたが，大量の可燃物が持ち込まれていたほか，周囲から迫ってきた火炎および火災旋風等が発生することにより，約 4 万人もの人命が失われた．この被災事例を経験したわれわれは，地震発生の時間帯や気象条件は制御できないにせよ，市街地の火災安全性能をどのように高め，その一方で市街地火災から安全な場所をいかに都市内に確保し，どうやってわれわれは逃げればよいのかという大き

表 6.2 東京市各区および東京府の死者・行方不明者数（武村，2023；内閣府，2006）

区	竹内（1925）							緒方（1925）							内務省社会局（1926）	
	死者数				行方不明者数			死者数				行方不明者数			死者数	行方不明者数
	男	女	不詳	計	男	女	計	男	女	不詳	計	男	女	計		
麹町区	71	33		104				71	33		104	214	92	306	95	42
神田区	356	391	96	843				360	392	96	848	144	90	234	1055	464
日本橋区	153	115	41	309				173	131	42	346	181	215	396	788	401
京橋区	160	100	36	296				170	100	36	306	101	103	204	584	335
芝区	165	82	23	270				165	82	23	270	9	10	19	361	133
麻布区	13	22		35				13	22		35				140	45
赤坂区	27	49		76				27	49		76	1		1	112	30
四谷区	2	2		4				2	2		4	3		3	68	35
牛込区	19	34		53				19	34		53	4	4	8	150	53
小石川区	164	52		216				164	52		216	106	74	180	191	63
本郷区	30	15	10	55				30	15	10	55	20	46	66	218	102
下谷区	114	83	11	208				114	83	5	202	55	51	106	577	314
浅草区	284	715	1245	2244				421	863	1242	2526	1372	1121	2493	2597	1070
本所区*)	4503	3856	40134	48493				4403	3856	40134	48393	12453	13419	25872	48393	6105
深川区	1137	1101	593	2831				1139	1091	527	2757	3687	2719	6406	2775	1364
水上	1104	1262	17	2383				1104	1262	17	2383					
東京市計	8302	7912	42206	58420	17352	17469	34821	8375	8067	42132	58574	18350	17944	36294	58104	10556
郡部	759	1019		1778	2458	2025	4483	787	1059		1846	174	166	340	1489	348
東京府計	9061	8931	42206	60198	19810	19494	39304	9162	9126	42132	60420	18524	18110	36634	59593	10904

*) うち被服廠跡の死者：男 2574，女 2179，性不詳 39277，合計 44030．実際は 38015，その差は付近より搬入し火葬に付したもの（竹内，1925）．

な教訓を得ることとなったわけである．

6.2　関東大震災から 100 年の都市火災対策と現代の地震火災リスク

この災害から 100 年あまりが経過する．この間，多数の戦災や都市大火による被害を経て，わが国では不燃都市を強く希求しつつも市街地火災への対応を考えながら市街地整備や消防力を充実してきた．その結果，地震時を除いた平常時の都市大火は 1976 年の酒田大火を最後に発生していない．それでは建物の耐火性能も向上し，不燃の橋や避難場所も確保され，そして近代的な消防組織を有するわが国の現代都市で，関東大震災のような甚大な火災被害は今後発生するのであろうか．

実は，この問いに対して確定的に答えることは専門家でもやや困難と言える．これは地震火災予測技術に伴う大きな不確実性が主たる理由である．一般に，地震火災による被害は地震発生時の時刻や季節，気象条件などのパラメターに大きく依存することが知られている．ところがこのようなパラメターは，現代の技術では容易に事前予測することが困難である．つまり，地震火災による被害は本質的に多くの不確実性を含むといってよい．

また地震火災被害の事前予測は，災害現象の希少性に伴う課題も同時に有している．地震火災による甚大な被害事例は関東大震災，福井地震，阪神・淡路大震災，東日本大震災などごくわずかに過ぎず，教訓が積み上がりにくいのである．たとえば筆者らの調査によれば，東日本大震災では398件の地震火災が発生しており，その内訳は電気による火災が多く（図6.2参照），大規模延焼は少なく，人的被害はごくわずか，という傾向がみられている（津波火災を除く）（日本火災学会，2016）．しかしながらここで得られた被害様相が「現代都市」における地震火災被害の特徴なのか，それとも「東北地方」という地域性に伴う特徴なのか，あるいは「春かつ昼間で風速が遅い」という時刻・季節・気象条件による特徴なのかを切り分けるのは困難である．このため地震火災について事前の被害予測を行う際には，このように偏った，またかなり昔のものも含めた，そしてごくわずかなデータ群を参考に，不確実性の高い現象を予測しなければならない．

もちろん地震火災研究分野においても，被害データを用いた経験的な手法（たとえば出火件数予測で言えば，河角式，水野式，難波式，廣井式など；日本火災学会，2018）のみならず，実験などを経た演繹的な手法（たとえばミクロレベルの出火確率を積み上げて火災危険度を評価する東京消防庁の方法など）などを用いて予測を行う取り組みはある．しかしこれは，必ずしも十分な検証がなされたものではない．このような限界を前提とした上で，ある仮想的なハザードや時刻・気象条件を想定しながら生み出されたものが，被害想定で明らかにされる数字である．したがって，火災被害において被害想定とまったく同様の被害が発生すると信じる専門家はおそらく少ないだろう．このため地震火災を対象とする限り，被害想定は「大学入試の模擬試験的に」自らの学力を確認するための一素材に過ぎない．

さて，原稿執筆時において直近の市街地火災事例としては，2016年12月に強風下の新潟県糸魚川市で発生した大規模火災，そして2024（令和6）年1月1日に発生した能登半島地震時の地震火災が挙げられる．前者の火災は死者こそ発生しなかったものの，結果として約4 haの焼失被害にいたったものである．後者では津波火災など多種多様な火災が発生しているが，とくに輪島市河井町朝市通り付近における大規模市街地火災は約5 ha，約250棟が焼失する被害となった（廣井，2024）．地震時の火災は平常時の火災に比べて，出火件数の多さや延焼のしやすさ，対応の困難性まで状況はより深刻となるが，前者からは地震時ではなくても強風時には大規模延焼が発生しうることが示され，後者からは出火点が1点であっても，かつ強風でなくても地震時は市街地延焼にいたるものと解釈され，いずれもわが国の市街地にいまだ大規模火災のリスクが残り続けていることを示唆する災害事例である．

それでは，大都市における地震火災の直近の被害事例はどうなのだろうか．代表的な例としては，1995年に発生した阪神・淡路大震災や2011年に発生した東日本大震災がある．しかし阪神・淡路大震災時は風速が遅く，東日本大震災の主な被災地はそこまで都市・人口が集積している地域とは言えない．このため，上記の大規模火災や地震火災のみをもって，東京や大阪，名古屋などわが国の大都市における地震火災被害を論じるには不安が残る．事実，現代都市においても世帯数の急激な増加などを背景として，地震火災による被害はいまだに多くの死者が想定されている（中央防災会議，2013）．

このような背景を踏まえ，本章では地震火災の被害量を説明すると考える出火，延焼，消火，避難の4変数に焦点を絞り，これら各変数が100年前と比べてどのように変化したかをみることを通じ，関東大震災から100年後の「到達地点」である現代都市における地震火災リスクを再考したい．

「出火」のしやすさはどう変わったのか

関東大震災から現在にいたるまでの変容のなかで，最も大きい点のひとつが「人口・世帯の集積」と考えられるが，これは地震火災の出火件数に大きな影響を与える．一般に，地震時は火源（電気の火花等）と着火物（漏れているガス等）が同一空間内で重なりやすく，出火しやすいことが知られており，これまでの地震時にも数多くの火災が発生している．

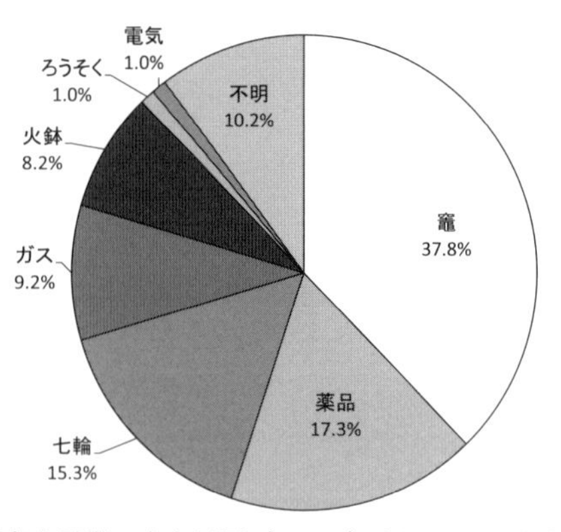

図 6.1　関東大震災の出火原因（N＝98）（井上，1925 をもとに作成）

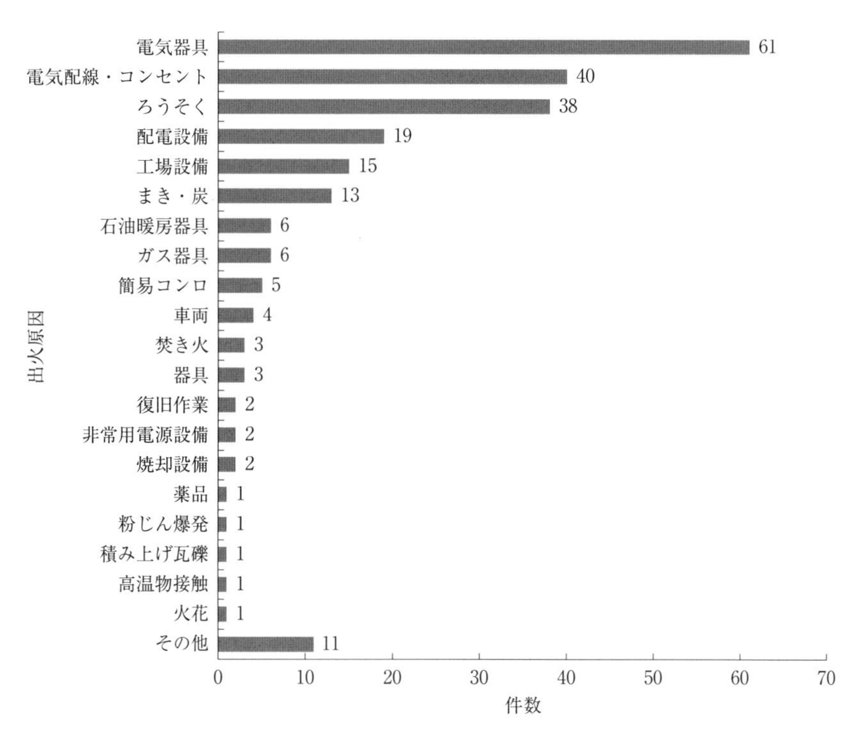

図 6.2　東日本大震災の出火原因（N＝398）（廣井，2015）．津波火災 59 件，原因不明 104 件を除いて示した．

たとえば，図 6.1 は関東大震災時における東京市の出火原因である．このときは，発災時刻が正午近くだったこともあって竈，薬品，七輪，ガス，火鉢等が出火原因となっている（井上，1925）．他方で廣井（2015）によれば，東日本大震災における出火原因は図 6.2 のように示され，津波火災を除くと近年は電気による火災が多いとみられる．このように出火原因については，約 100 年の間に火気使用環境が大幅に変化しているため，関東大震災の教訓を現代都市における直接的な参考とすることは難しい．

では，出火原因ではなく出火のしやすさについてはどうであろうか．表 6.3 は関東大震災時における東京市各区の出火件数を示したものである．文献によってその数は多少異なるが，たとえば『東京震災録』のデータだと東京市全体で 134 件の出火が発生しており，そのうち 42.5% が初期消火されている．内務省社会局（1926）によれば当時の東京市の世帯数は 48 万 3000 世帯であるから，東京市における 1 万世帯あたりの出火件数（以降ではこれを出火率と定義する）は 2.77 となる．他方で，近年の地震における出火率は震度 6 強以上の地域を抽出しても，東日本大震災で出火率 0.44（津波火災以外）（廣井，2015），熊本地震で出火率 0.24 となる（廣井ほか，2020）．出火件数は発災の季節や時間帯によって大きく異なるため，このデータのみで出火率の多寡を断定することは慎重になるべきだが，やや減少傾向にあるとみることもできる．これは火気使用環境の大きな変化はもとより，火気器具における転倒出火防止措置のみならず，マイコンメータや感震ブレーカーの普及が進んでいるためと考えられる．

一方で，割合ではなく件数の比較となると，やや状況は異なる．たとえば，関東大震災時に東京市全体で 134 件であった総出火件数は，阪神・淡路大震災では 285 件，東日本大震災では 398 件が報告されており，また首都直下地震の被害想定でも何百件クラスの出火件数が想定されるなど，出火件数の絶対値が大きく減じることはない．この理由は現代都市の曝露量が増加していること，つまり約 100 年前の市街地と比べて，人口や規模が爆発的に増えているためと推察される．関東大震災で大きな延焼被害があった東京市東部における当時の人口密度はきわめて高いものの，東京市全体の人口は約 200 万人と言われる．これに比べて現在の東京都における全人口は，市街地の連坦

表6.3　東京市各区の出火件数（内閣府，2006；井上，1925；東京市，1926-1927）

		麹町	神田	日本橋	京橋	芝	麻布	赤坂	四谷	小石川	牛込	下谷	浅草	本郷	本所	深川	計
東京震災録	発火場所	10	12	2	10	9	1	4	1	7	5	12	23	10	17	11	134
	延焼せしもの	7	10	2	3	2		3	1	2	1	4	19	2	13	8	77
	即時消し止めたるもの	3	2		7	7	1	1		5	4	8	4	8	4	3	57
震災予防調査会	発火場所	6	7	2	8	4		2	1	3	5	6	26	4	12	12	98
	延焼せしもの	6	6	2	2	2		2	1	3	1	1	22	2	12	9	71
	即時消し止めたるもの		1		6	2					4	5	4	2		3	27

が当時よりも顕著であることから，2022年時点で1404万人と5.6倍以上の人口比である．つまり世帯あたりの出火率はたとえ減ったとしても，曝露の総量が激増している現代都市においては，単位面積あたりの出火件数が増加していることも十分考えられ，とくに大都市はその影響が顕著であることが推測できる．つまり，「出火」という点については，現代都市は関東大震災より大きな改善はしていないことがわかる．

「延焼」のしやすさはどう変わったのか

次の変数は「延焼」である．関東大震災当時における東京の都市構造はほとんどが木造であり，非常に「燃えやすい」構造となっていた．このため，その後の戦災等の被害も含め，この教訓を解決する「都市の不燃化」は，わが国の都市計画上の悲願であった．

さて，関東大震災から100年経過した現代都市は不燃化が大幅に進捗したものの，わが国にはまだまだ市街地火災が懸念される地域も少なくない．たとえば2012年に国土交通省は住生活基本計画（全国計画）において「地震時に著しく危険な密集市街地」約6000 haを公表し，2020年度までにこれらをおおむね解消するとの目標を定めていたが，いまもなお多くの密集市街地が残されている．それでは，このような密集市街地における「燃えやすさ」はこの100年でどのくらい改善しているのか，量的な比較をしてみたい．しかしながら延焼の程度については，風速等の気象条件でかなり状況は異なるため，風の弱かった阪神・淡路大震災や，東日本大震災における延焼の様子で比較することは難しい．

したがってここでは，吉川（2009）を参考として，東京消防庁が開発した延焼速度式（東消式2001）を用いて過去と現在の密集市街地を比較する．まず風速を6 m/sとすると，その条件下で関東大震災前の浅草の市街地（建蔽率55%，道路率15%，木造率90%，防火造率10%，準耐火率0%，耐火率0%）は火災の初期段階において約60 m/hという延焼速度が導ける一方で，現在の京島の市街地指標（建蔽率50%，道路率15%，木造率15%，防火造率60%，準耐火率10%，耐火率15%）から同じく延焼速度を計算すると，約42 m/hという数値が得られる．あくまで延焼速度式の計算上の評価ではあるが，現代都市の燃えにくさは，密集市街地においては関東大震災時から「3分の2くらいの延焼速度になった程度」という評価ができそうで，そこまで大きく改善しているわけではない．

また，関東大震災時には，飛び火によって火災が道路や市街地あるいは河川を跨いで延焼している．このように，飛び火で何百メートルも先に延焼する事例は静岡大火，鳥取大火，能代大火など，過去にも多く発生している．このリスクは，建築物の不燃化（とくに屋根材）がある程度すすんだことで，だいぶ減少したと一般には思われていた．しかしながら，前述した糸魚川市大規模火災では出火点が1点であったにもかかわらず，強い南風という気象条件もあいまって多数の飛び火が発生し，10 m前後の幅員を有する道路を越えて延焼した形跡も確認された．地震時は建築物の開口部等が損傷する，屋根瓦が大きくずれることなどを考えると，このような飛び火による出火リスクも，いまだ現代都市は克服し尽くせていないと考えるのが自然である．

つまり，関東大震災時の教訓であった「都市の燃えやすさ」は，一部地域においては延焼速度が多少遅くなった程度であり，さらにこのような地域はわが国にいまだ数多く残されており，「延焼」についても十分に教訓が解決されたわけではないことが示唆される．

「消火」しやすい社会は実現できたのか

3つめの変数は「消火」である．関東大震災時は常備消防である消防部と町火消しにルーツを持つ消防組，そして軍隊や在郷軍人会も延焼防止活動を行っている．ただここでは，地震によって上水道が十分に機能せず，消防車の故障やガソリン不足も目立つなかで自然水利を用いた活動となった．その一方，市民らはバケツ消火や破壊消防で消火活動を試みている．この「消火」については，約100年前と比べて大幅に改善しているものと考えられる．しかしながら，現在の消防力であっても大都市大震災時に懸念される同時多発火災には十分に対応できると言えず，この教訓が完全な解決をみたわけではない．さらに大都市部においては，東日本大震災時の東京と同じように，帰宅困難者が自動車で一斉帰宅を試みる，もしくは多くの人が都心部へ家族を自動車で迎えに行く等で，車道で深刻な交通渋滞が発生し，消防の現場到着時間が大幅に遅延する可能性もある．

このような状況のなかでは初期消火にその解決策を求めたくなるものの，筆者が行ったいくつかの調査結果をみる限り，地震時に初期消火ができた事例は実際にはごくわずかである．たとえば表6.4は東日本大震災（津波火災は除く）と熊本地震（前震もしくは本震に起因して発生したもの），および大阪府北部地震の調査データを用いて，全体の火災件数（不明は除いたため，初期消火成功と消防活動と自然鎮火の和）のうち初期消火に成功した火災の割合を初期消火成功率と定義し，まとめたものである（廣井ほか，2020）．これをみる限り，少子高齢化社会の本格的到来や地域コミュニティの衰退などに直面しているわが国で，自助・共助による震災直後の初期消火は，継続的な訓練等がない限りは現実になかなか難しいものとみることができよう．

「避難」に関する教訓は解決されたのか

筆者は，現代都市における地震火災に関する最大の課題が「避難」だと考えている．このため，ここではじめに関東大震災から得られた避難に関する主な教訓を3つ挙げる．

ひとつは避難方法に関する教訓である．関東大震災当時は安全な避難場所の計画・指定はなく，計画的な避難行動も行われなかった．手記などによれば，東京市でははじめに地震で建物から飛び出し，自身や家族の安全がわかると，余震の恐れから火を消すこともせずに，建物から家財道具や荷物を運び出し，それを道路の中央やちょっとした広場に置く．そして火災が迫ってくるとやっと避難を開始し，それから火災に追われるかたちで広い場所にい

表 6.4　直近の地震における初期消火成功率（廣井ほか，2020）

	震度	3	4	5弱	5強	6弱	6強	7
熊本地震	初期消火成功	—	—	—	0	0	1	0
	消防活動	—	—	—	3	1	5	1
	自然鎮火	—	—	—	0	4	0	0
	初期消火成功率	—	—	—	0.0%	0.0%	16.7%	0.0%
大阪府北部地震	初期消火成功	—	—	3	1	—	—	—
	消防活動	—	—	2	1	—	—	—
	自然鎮火	—	—	0	0	—	—	—
	初期消火成功率	—	—	60.0%	50.0%	—	—	—
東日本大震災	初期消火成功	2	0	5	6	9	4	—
	消防活動	0	0	13	30	20	12	—
	自然鎮火	0	1	2	4	2	1	—
	その他（不明など）	0	1	18	15	22	8	—
	初期消火成功率	100.0%	0.0%	25.0%	15.0%	29.0%	23.5%	—

って，そこで命運が分かれている．当時の人は，避難場所として広い空地をイメージできているが，火災の全体像を把握できていなかったり，逃げてくる人をみて追従したり，火災をみつめるだけであったという．なかでも，避難者による家財道具が延焼を助長して甚大な被害につながったことはよく知られている．なぜ家財を持ち出したのかについては，当時の家屋所有形態に借家が多かったことや，横浜市などに比べて火の回りが遅かったので時間的余裕があったから，との理由が知られている．また関東大震災当時は，防火を目的とした建築規制や水道をはじめとした消防装備の近代化も進んで大火が減少し，また1855年の安政江戸地震以降，大規模な地震火災も国内では発生していなかった．これにより，江戸時代には民衆知として知られていた，避難時における家財の持ち出し禁止についての教訓が希薄化してしまったとみる専門家もいる（武村，2023）．

次の教訓は避難途上に発生した逃げまどい等に関する問題である．関東大震災の主な死者発生パターンとしては，地震発生直後の逃げ遅れのみならず，9月1日15時くらいから深川区・本所区などで広域火災に挟まれて逃げ場を失い多数の人が亡くなったことがわかっている．たとえば神田区神保町や浅草区浅草寺周辺などでは個人が建物に閉じ込められたほか，火に囲まれて逃げられなくなったという記述もある．また本所区横川橋や本所区枕橋などでは，橋の焼失等が原因となり避難途中で逃げ場を失って死亡した人が多かったと言われている．さらに，避難の途上で「橋の上に衝突して押潰され踏み倒され，橋より落ちて大河に沈むもあり，欄干に押し付けられて絶息するあり（東京市，相生橋）」（日本総合通信社，1923），「橋上で避難を急ぐ人の流れの中，子供やお年寄りが圧死する悲劇もあった（横浜市，吉田橋）」（横浜市役所市史編纂係，1927）と形容される群集事故の発生も記録されている．当時の東京市人口約 200 万人ですらこのような事故が発生していることを考えると，人口が爆発的に増加し，隣県の通勤者が集中する東京都心部で，将来の大都市大地震時に群集事故による人的被害が発生する可能性もないとは言えない．

最後の教訓は，避難場所の安全性に関する教訓である．当時は東京市全体の 4 割にものぼる約 100 万人がオープンスペースに避難したが，可燃物（家財）が多く，隔離距離がないオープンスペースでは多くの人が亡くなっている．たとえば，本所区本所横網町の陸軍本所被服廠跡（現在の墨田区横網町公園ほか）での火災旋風を原因とした約 4 万人にも及ぶ人的被害は広く知られているが，それ以外にも 17 時くらいには神田駅を東西にはさまれて避難した人が亡くなり（神田駅での死者は 108 人），また錦糸町駅（死者 630 人），吉原公園（490 人），小梅徳川邸（数百人）など，避難した場所で多くの人が亡くなっているケースが目立つ．他方で，被服廠跡は約 6.6 ha（安田邸を含めて 10 ha）のスペースに 4 万人の避難人口が集中しているが，東京市人口の約 2 割が避難した上野公園は約 80 ha のスペースに 50 万人が避難しており，人口密度は被服廠跡と同様である．しかしながら，火の流れが避難地に対して並行であったことから，一部焼失するも，避難した人たちは無事であった．

さて，このような甚大な被害と引き換えに得られた教訓をもとに，わが国ではこれ以降約 100 年もの間，市街地火災からの避難に関する研究が行われてきた．その内容は下記の 3 種類のものに大別される．ひとつは，避難行動の実態を調べる研究である．これは関東大震災直後の調査をはじめとして，熊谷ほか（1983）による酒田大火の避難行動調査研究，最近では廣井ほか（2019）による糸魚川市大規模火災における避難行動調査などが挙げられ，

表 6.5　関東大震災時の死者発生場所（100 人以上）（竹内，1925；内閣府，2006）

	圧死	焼死	溺死	救護中死亡	計
麹　町	58	16	12	18	104
神　田	37	801	5		843
日本橋	24	229	56		309
京　橋	34	254	8		296
芝	148	115	4	3	270
麻　布	35				35
赤　坂	61	15			76
四　谷	3	1			4
牛　込	36			17	53
小石川	95	2		119	216
本　郷	21	34			55
下　谷	42	166			208
浅　草	70	1,974	200		2,244
本　所	31	46,985	1,477		48,493
深　川	32	1,586	1,213		2,831
水　上			2,383		2,383
計	727	52,178	5,358	157	58,420

避難開始の見切り距離や具体的な避難行動などが報告されている．もうひとつの研究テーマは，広域避難モデルと避難シミュレーションに関する研究である．表 6.6 に示されるように，これまでにも多くの広域避難モデルが提案され（日本火災学会，2018），これらにのっとる形で，避難シミュレーションによって施設配置や避難計画などを検証する研究が行われてきた．この方向性の研究は現在も行われており，たとえば廣井ほか（2015）は帰宅困難者の広域的移動による影響を計算に入れて市街地火災からの避難シミュレーションを広域エリアで構築するなど，計算機能力の進展に伴い，現在では多種多様な研究が行われている．

そして最後に，避難空間の設計等に関する研究が挙げられる．これは避難圏域や避難路の設計を含むものだが，（広域）避難場所もしくは（広域）避難地と呼ばれるスペースの安全性については，火災から命を守る最後の砦であることから，周囲を全面火炎に囲まれても計画人口を輻射熱から守るような工学的根拠をもとにして設計され，これをもとに避難有効面積と計画人口が算定されている．そしてこれまでに，このような研究の一部は実際の都市

表 6.6　これまでに提案された広域避難モデル（日本火災学会，2018）

	避難群集の表現		群集の流動方向		経路選択			火災とのリンク		避難路の表現		モデルの性格	
	流体	トランザクション	1 方向	2 方向	外生	内生 避難地直行	内生 逃げ廻り	なし	あり	ノード・リンク	メッシュ	現象記述型	規範型
新井のモデル		○	○			○			○	○		○	
室崎のモデル		○	○		○			○		避難路に垂直な線分で分割		○	
小林等のモデル		○		○		○		○		街区を矩形で同定		○	
島田のモデル		○	○			○			○	○		○	
藤田のモデル	○		○		○			○		○		○	
原のモデル	○		○				○		○	○		○	
梶等のモデル		○	○			○			○	○		○	
科学技術庁のモデル	両者が混在		○			○			○	○		○	
建築研究所のモデル		○		○		○	○		○	○		○	
岡田のモデル	○		○			○			○		○	○	
渡辺等のモデル		○	○			○		○			○	○	
避難危険度モデル		○	○		○				○		○	○	
林・橋本のモデル		○	○			○			○	○			○
清水建設のモデル		○	○			○		○		○		○	
大野等のモデル	○			○			○		○	○		○	
増山等のモデル		○		○	○				○	○			○
李　戴吉のモデル		○	○		○	○			○	○			○

施設整備にも大きく生かされ，たとえば帝都復興計画をはじめとするハード整備によって，安全な避難場所も市街地内に用意され，橋が焼失する可能性も少なくなり，また都市防火区画の形成とあわせて避難路の沿道も不燃化が進み，一部の都市ではこれらの整備を前提とした市街地火災時特有の避難計画（2 段階避難など）も作られることになった．もちろん避難場所内からの出火，建物に閉じ込められて避難が困難となる可能性，そして道路閉塞や同時多発火災からの逃げまどい避難に関するリスクがなくなったわけでは決してないが，これらの研究とその実装を通じて，わが国の都市は市街地火災からの避難に関するハード性能を約 100 年で劇的に改善した．

しかし，避難に関するソフト性能に目を向けてみると，必ずしも当時と比べて改善しているとは言い切れない現状がある．この理由には現代都市における少子高齢化の影響や，コミュニティの機能不全などさまざまなものが考えられるが，なかでも都市火災経験の希薄化に関する問題が大きい．現段階においては，約 50 年間平常時の大火は発生しておらず，甚大な市街地火災の発生は都市部における地震時のケースが懸念されているところである．地震火災による大規模な市街地延焼は再現期間が長く，また常備消防の充実によって，われわれはともすれば地震火災リスクを軽視し，対策意識も希薄化し，またその教訓も伝わりにくい傾向は否めない．とくに市街地火災からの避難行動は，風水害や津波と比べて段階避難をはじめとした複雑な避難行動を求められることが多い．また，「一時避難場所」，「一時集合場所」，「広域避難所」などの用語に関する理解も十分にされていない現状がある．

たとえば筆者は糸魚川市大規模火災後に避難勧告対象地域で避難行動調査を行っているが，ここでは出火から約 2 時間後に避難勧告が出たにもかかわらず，火の様子をみていて避難をしなかった人が避難勧告対象地域の 4 割にものぼり，また避難をしたとしても多くの人が避難場所ではなく路上の交差点など視界が確保できる場所で待機している（廣井ほか，2019）．他方でこのとき，消火・延焼防止活動を行った回答者は全体の 3% 程度（火災を覚知した後：2.8%，避難の情報を聞いた後：2.9%）であり，家族や知り合いのところに行こうとした回答者も 1 割未満（火災を覚知した後：4.5%，避難の情報を聞いた後：8.1%）であることがわかっている．糸魚川の事例は風向が大きく変わることのない平常時の大規模火災であるため，地震火災時の状況とはだいぶ異なり，要援護者の支援や延焼防止活動等に従事する余裕もあったのではないかと考えられるが，実際は延焼防止や周囲の助け合いは低調であり，避難勧告が出てもなお避難せずに火の様子をみている人が多かった．もし大都市大震災において同時多発火災が発生し，そのときに飛び火警戒や延焼防止，初期消火，あるいは要支援者の避難誘導などがなされず，火の様子を見続けて避難すらしない人が多いとしたら，あるいは避難したとしても，そのみきわめが早すぎて延焼防止活動や救出活動などがまったくなされなかったとしたら，これが多くの人的被害につながる可能性も捨てきれない．

するとこれは避難単独の問題のみならず，地震火災発生時にいつ・だれが・どのように，知らせるか，逃げるか，消すか（延焼防止含む），助けるかについてのあるべきバランスを地域内で考える必要性を示唆するものと言える．一方で，大規模な市街地火災の発生がまれであることから，地震火災からの避難が水害や津波ほど議論されることは近年少ないと考えられる．このため筆者らは地震火災からの避難行動をイメージするワークショップツールを開発しており，いくつかの地域でこれを用いた避難行動の検討を行っている（写真 6.1）．市街地火災を経験することが少なくなったいま，このような取り組みを通じて，地域の地震火災に対する想像力と災害対応力を高める必要がある．

6.3　おわりに

本章では，関東大震災時における火災被害を概説した上で，現代都市の地震火災時における火災安全性能について，それぞれ出火，延焼，消火，避難という 4 変数から関東大震災当時の比較を行った．紙幅の制限で言及できていない点が多々あるものの，これらを個別に単純比較しただけでも，現代都市がまだまだ潜在的に大きな地震火災リスクを有していることがわかる．消防力の充実によって平常時の大火を経験することのないわれわれは，ともすれば都市火災リスクを根絶させたような錯覚に陥るが，この 100 年で都市の火災安全性能が飛躍的に高まっている，というわけでは決してない．

写真 6.1 市街地火災からの避難をイメージするワークショップツール（同時多発火災）

ところで，関東大震災時に精力的な火災調査を行った寺田寅彦は，震災から 10 年後に「しかしここで一つ考えなければならないことで，しかもいつも忘れられがちな重大な要項がある．それは，文明が進めば進むほど天然の暴威による災害がその劇烈の度を増すという事実である」という言葉を残している（寺田，1934）．現代都市を取り巻く，世帯数の急増や市街地火災経験の希薄化，そして少子高齢化社会の本格的到来や地域コミュニティの衰退，初期消火・避難・助け合い能力の低下，建築物の大規模化などの各課題を概観すると，この言葉はいまの時代にこそ再考に値する関東大震災最大の教訓と言えないだろうか．市街地の難燃化がますます進み，密集市街地も減りつつあるなかで，典型的な LPHC（Low Probability High Consequences：低頻度大規模）型災害である地震火災被害を今後どのように減じていけばよいかはなかなかの難題であるが，目標とする安全水準の再定義も含めた新しいリスク低減に関する計画論の提案が必要とされよう．たとえば，地震火災は出火→延焼→消火→避難という複数のメカニズムを経て人的被害にいたるが，リスクの特徴としては不確実性が高いため，1 種類の対策だけを極限まで高める対策は現実的ではないし，想定外も許しうる．このため，それぞれのメカニズムについて対策を講じる多重防御による対応が効果的と考えられる．

いずれにせよ，関東大震災から 100 年あまりが経過した現代都市においても，いまだ高い地震火災リスクをわが国が有しており，各課題も山積したままでであるという現状を，寺田寅彦がもし仮に知ったとしたら，はたして彼はどのような所感を抱くのだろうか．そして，被災から100年が経過した現代に生きるわれわれは，当時徹底的な被災調査をして復興に尽力した先人らに対し，「関東大震災の歴史を徹底的に学んだ」と胸を張って言えるだろうか．

参考文献

井上一之（1925）帝都大火災誌．震災予防調査会報告，第100号戊，135-184．
緒方惟一郎（1925）関東大地震に因れる東京大火災．震災予防調査会報告，第100号戊，1-79．
熊谷良雄・岸 栄吉（1983）火災時における避難行動の分析－酒田大火と関東地震火災・東京を例として．第18回都市計画学会学術研究発表会論文集，169-174．
竹内六蔵（1925）大正十二年九月大震火災に因る死傷者調査報告．震災予防調査会報告，第100号戊，229-264．
武村雅之（2023）『関東大震災がつくった東京』中公選書．
中央防災会議（2013）首都直下地震の被害想定と対策について（最終報告）．
寺田寅彦（1934）天災と国防．『経済往来』日本評論社．
東京市（1926-1927）『東京震災録』．
内閣府（2006）災害教訓の継承に関する専門調査会　1923関東大震災報告書．
内務省社会局（1926）『大正震災志（上）』．
日本火災学会（2016）2011年東日本大震災火災等調査報告書（完全版）．
日本火災学会（2018）『火災便覧（第4版）』共立出版．
日本総合通信社（1923）『関東震災写真帖』．
廣井 悠（2015）階層ベイズモデルを用いた地震火災の出火件数予測手法とその応用，地域安全学会論文集，27，303-311．
廣井 悠ほか（2015）大都市複合災害避難シミュレーションの提案．日本災害情報学会第16回研究発表大会概要集，14-15．
廣井 悠ほか（2019）糸魚川市大規模火災における住民の避難行動調査，都市計画論文集，54(3)，1101-1108．
廣井 悠ほか（2020）2016年熊本地震に伴って発生した地震火災に関する調査．火災学会論文集，70(1)，27-33．
廣井 悠（2023）関東大震災の被害と現代都市における地震火災リスク．消防研修，消防大学校，第113号．
廣井 悠（2024）令和6年能登半島地震時に発生した火災現象に関する調査研究．火災，74(2)，日本火災学会．
諸井孝文・武村雅之（2004）関東地震（1923年9月1日）による被害要因別死者数の推定．日本地震工学会論文集，4(4)，21-45．
横浜市役所市史編纂係（1927）『横浜市震災誌』．
吉川 仁（2009）都市防火の観点から観た東京の市街地変容に関する一考察－江戸～関東大震災～平成．日本建築学会2009年大会研究協議会予稿集，日本建築学会．

7　関東大震災の社会的影響と心理的影響

関谷直也

寺田寅彦は,「災難雑考」の中で,「『地震の現象』と『地震による災害』とは区別して考えなければならない. 現象のほうは人間の力でどうにもならなくても『災害』のほうは注意次第でどんなにでも軽減されうる可能性がある」と指摘する. 今でいうならば, 素因（Hazard）と, その結果もたらされる被害（Disaster）を区別するという災害研究の基本的な思考である.「地震の現象」が「地震による災害」を引き起こす. 1923年関東地震によって引き起こされたのが関東大震災であり, 兵庫県南部地震によって引き起こされたのが阪神・淡路大震災であり, 東北地方太平洋沖地震によって引き起こされたのが東日本大震災である. 災害とは, 通常はその「被害」のことを指す.

関東大震災をもたらした「地震の現象」, 関東地震は9月1日11時58分, 神奈川県西部の北緯35度19.8分, 東経139度08.1分, 深さ23 kmを震源とするマグニチュード7.9の地震である.

関東大震災という「地震による災害」としては, 地震による建物倒壊や, 都心では台風の通過後であったため大規模な延焼火災と火災旋風のことである. 横浜では津波が発生し, 神奈川県を中心に土砂災害が発生した. 総じて, 死者・行方不明者は10万5000人にのぼったとされている. 関東大震災は「災害のデパート」とも呼ばれる所以である.

関東大震災の2年後の1925年, 地震に関する科学的研究を行おうと東京大学地震研究所は創立された. 創立10周年を迎えたとき, 物理学者であり随筆家, そして地震研究所の研究員でもあった寺田寅彦は,「本所永遠の使命とする所は地震に関する諸現象の科学的研究と直接又は間接に地震に起因する災害の予防並に軽減方策の探究とである――」と記している．これは研究所の玄関に今も飾ってある．

関東大震災から100年が経過して，「地震に関する諸現象の科学的研究」を「地震学」「地震工学」とするならば進んだと評価されよう．「地震予知」に関しては短期予知はできていないが長期の予測はできるようになった．観測とメカニズムの解明により「断層と地震の揺れ」を特定することで，地震動の震源や大きさ等を推定する，リアルタイムで地震波を推定し緊急地震速報を出す，揺れやすさのハザードマップの作成，津波の高さや浸水域の予測，長周期地震動の情報，これらが可能になった．これは「地震学」そのものの成果であるといえよう．また構造物の弱点や新たな解析法の有効性などが研究され，耐震基準の改定などがなされていった．「地震工学」の成果である．

だが，災害に関する「社会現象」「心理現象」については，解明はあまり進んでいないし，それらに対する「災害の予防並に軽減方策の探究」は十分に進んでいるとはいえない．関東大震災は社会，社会構造にどのような影響を与えたか．避難はなぜ，どのように行われたのか／行うべきか．誤った情報がなぜ，どのように広まったのか／広まるのか，災害後に人の心はなぜ，どのように戻っていったのか／戻っていくのか．「社会」「人」「こころ」に関する部分の研究は不十分である．

東日本大震災――放射能をもうひとつの要因とする点でやや複雑ではあるが――でも大規模広域避難や風評，社会的混乱は発生しているが，それらの研究は十分に行われているとはいいがたく，関東大震災から100年経過しても抜本的な対策はないのが現状である．「地震に起因する災害の予防並に軽減方策の探究」は進んでいないのである．

関東大震災は地震，火災，津波，土砂災害などの複合災害である．また社会的側面としては「朝鮮人流言」が問題となり，渋沢栄一らの大震災善後会，賀川豊彦らのセツルメント活動を中核とする災害支援活動，長期的には後藤新平らの帝都復興院での取り組み，義援金，救援や支援物質，安否（尋ね人），復興事業（区画整理，復興公園）などに関して論じられることが多かった．これらは関東大震災を振り返るときに，忘れてはならない事柄である．だが，より長期的な視点に立った場合，われわれの社会は関東大震災からどのような影響を受けたのかについては，あまりにも無自覚である．
本章では，関東大震災について社会的影響，心理的影響について論じる．
100年を契機とし，現代まで残されている課題として改めて，われわれは関東大震災から何を学ぶべきなのかを考えてみたい．

7.1　関東大震災の社会的影響と教訓

防災対策の第一義は人の命を救うことである．そのためにソフト対策として防災対策のなかで最も重要なものは「避難」である．大規模な地震ならば，火災からの広域避難，生活支障を回避するための広域避難である．ここでは社会的な側面として（1）火災避難，（2）広域避難を中心に考えたい．また関東大震災の大きな産業構造の変化の事例として（3）メディア産業について考えたい．

火災避難

まず，火災について考えてみよう．
関東大震災では，約10万5000人が亡くなったと言われているが，そのうち火災でなくなったのは9万2000人である．そのうち最大の死者が出たとされる陸軍被服廠跡では火災旋風が発生し，約4万人の死者が出たと言われている．
このため，その後の関東大震災での復興は火災に強い都市をつくるために――その直接的な目的は地震対策というよりは空襲対策であったが――延焼遮断帯として環状道路，放射道路など幅員の大きな道路が整備され，空地が整備され，また後年になってからは道路沿いの高層建築物などが整備されていった．
そして大規模延焼火災が考えられる都市部では，広域避難場所への避難をすべきとされている．ただし，現在，この広域避難場所への避難のことを知識として知っている人は3割程度である（関谷，2021）．江戸時代，また関東大震災，東京大空襲を経て，大規模な火災を経験したが，近年は起こらなくなってきた．だがその結果として，東京が火災に対してきわめて脆弱な都市であることを認識している人も少なくなっているのである．

広域避難

広域避難についての実態の解明もあまり進んでいない．関東大震災では，死者・行方不明者は約 10 万 5000 人，80 万人が地方に避難したといわれている．震災直後の被災地では住む場所のみならず，水も食料もままならなかったからである．また，当時はまだ地方から出稼ぎなどで東京に出てきている人も多く，親類縁者を頼って避難したと考えられる．東京市の人口が当時約 200 万人，東京府の人口が約 400 万人なので，広域避難した人の割合は非常に大きかったと考えられる．

たとえば，新潟県は 9 月 4 日に王子・滝野川小学校に新潟県事務所を開設，新潟県から 52 名が対応した．その後，東京 5 万 7000 人，横浜 7000 人の出稼者ほか 2 万人の出身者の対応を行ったという．そして出身者や縁故者 3 万 3000 人が避難した（北原，2023）．

なお，関東大震災では，直後に避難者は把握できなかったものの，9 月 1 日から天皇から 1000 万円の下賜が行われることになったために全国に散在する罹災者を把握する必要性が生まれ，10 月中旬に地方庁に対して 11 月 15 日を期して全国一斉に国勢調査並みの震災罹災者人口調査が行われることが通告され，避難者の把握が行われた．これをまとめた内務省社会局『震災調査報告』で，11 月 15 日を基準に，東京都の郡部では 32 万 1622 人増加している（ただし，死者・行方不明者も考慮した上での人口増である）．また，地方には 78 万 82 人（うち関東圏 39 万 5909 人，中部・信越 22 万 5899 人）が避難したという（北原，2012）．

また東日本大震災においても，3 月 12 日以降の直後の広域避難の実態とその経路などの詳細ははっきりしていない．消防庁によれば 3 日目のピーク時には全国で概数として約 47 万人であり，その後，東日本大震災復興対策本部事務局や復興庁，各市町村が把握しようとしてきた．直後は，各地に散らばる避難者に対して，総務省の「避難者情報システム」に登録することで把握しようとしたもののうまくいかず，最終的には 2011 年 11 月 20 日に行われた沿岸部の町村議会選挙，首長選挙，県議会議員選挙（東日本大震災に伴う地方公共団体の議会の議員及び長の選挙期日等の臨時特例に関する法律第１条第１項）に向けた選挙人名簿確定のための確認でおおむね把握された.

2012 年 5 月には福島県からは約 16 万人（うち県外避難者約 6 万人，県内避難者約 10 万人）が避難していたとされ，2024 年現在は 2.6 万人（うち県外避難者 2 万人　県内避難者 0.6 万人）が避難を継続しているとされている.

関東大震災，東日本大震災を経ても，今のところ，これから災害時に起こりえる大規模な広域避難や縁故避難を想定しておらず，直後に被災者がどこに避難したかを正確に把握する手段は現在でも存在しないのが実情である.

メディア産業

災害や災禍は社会を変える．関東大震災も現在の社会構造，産業構造の一部を作った．その典型のひとつが，メディア産業である．現在の全国規模の大手新聞と密接な資本関係を保ちながら展開している日本の新聞，テレビメディアの勢力図や広告産業の発展を遡ると，関東大震災に源流を辿ることができる.

震災当時の主たるマスメディアは新聞であるが，当時は，『東京日日新聞』『報知新聞』『時事新報』『東京朝日新聞』『國民新聞』という東京 5 大新聞が大きな部数を誇っており，他にもさまざまな新聞社が数多く存在した．だが，関東大震災により，多くの新聞社は壊滅的な打撃を受けた．被災した新聞社は新聞活字を収集することと，印刷所の確保に奔走した．取材を継続することや，東京近辺で新たに印刷所を確保することは容易ではなかった．その結果，この大震災を原因として，5 大新聞のうち，『報知新聞』（『読売新聞』に合流），『國民新聞』（現『東京新聞』）の部数は大幅減となり，その勢いを失っていった．そして，『時事新報』『やまと新聞』『中央新聞』『萬朝報』など，明治期から続く伝統のある新聞が消えていく契機となった（大広，1994）.

そのなかで，震災を経て，大阪出自の 2 つの新聞社が台頭してくる．大阪毎日新聞社の傘下にあった『東京日日新聞』（東京日報社，現『毎日新聞』）と大阪朝日新聞社の傘下にあった『東京朝日新聞』（現『朝日新聞』）は，関西の支社や他の新聞社と協力して情報収集や印刷を行うことで，この危機を乗り越えたのである．『東京日日新聞』は火災を免れ，震災 2 時間後には号外を出すにいたっている．『東京朝日新聞』は浦和まで原稿を持参，そこから電話による大阪までの通信手段を確保し，9月10日に号外を発行するなど，新聞刊行を徐々に再開した．

すなわち，大阪・東京に2つの拠点を持つ，レジリエンス（回復力）を備えた新聞社2社だけが震災を持ちこたえ，その後の全国拡大へとつながっていった．東京にしか広告・販売拠点を持たない，産業基盤が脆弱であった新聞社は，震災を契機に淘汰された．なお，正力松太郎は震災の翌年，経営難に陥った読売新聞社を買収し，現在にいたる拡大の基礎を作った．関東大震災が新聞業界再編に大きく影響を与えたのである．

広告もその機能をいかんなく発揮したという．『東京日日新聞』では，震災直後から多くの広告が掲載されている．刊行再開直後の9月11日の『東京日日新聞』は，その構成の半分を広告が占めていた．通信機能が断絶されたなかで，広告は伝言板の代わりとして重要な役割を担っていた．

震災直後の広告の内容は，一般の読者に企業の状態や復興の経過を知らせるものや，社員へ集合をかけるもの，仮営業所の案内，営業所の移転や店舗営業開始の報告（「荷車・ジヤツキ・畳大安売」「土蔵修繕」「焼跡迅速整備請負」「看護婦十名募集」）などのさまざまな「お知らせ」からなっていた．企業だけでなく，大学や病院などあらゆる組織が広告を掲載していた．震災直後，広告はまさに「お知らせ」という社会的機能を担うこととなった．

また，当時の日本は，関東で日用品を生産し，それを地方で販売するという流通形態であった．そのため震災後，全国的に物資不足に陥った．このとき，当時の有力広告会社であった萬年社は，東北，関東，関西，九州で，モノ不足に陥った商品を調べ，広告主にその地域で不足する商品の広告をすることを提案したという．震災直後は広告の申し込みが皆無になったが，この方針によって，普段の数倍の広告を扱うことが可能になり，その結果として地方の物資不足の改善にも役に立ったのだという．そして，この災害を契機に，広告会社の営業は全国展開していくことになるのである．

またこのころは，放送メディア（ラジオ）への関心が高まっていた時期でもあった．関東大震災の直後，朝鮮人や中国人の虐殺事件へとつながったといわれる流言が大きな問題となった．そのことが「人びとに，『ラジオさえあれば流言飛語による人心の動揺を防げたであろう』という思いを起こさせ，放送事業開始の要望が急速に高まってい」（竹山，2002）ったのである．震災を契機に，ラジオの実用化が急激に進んでいった．

現在の全国メディアの展開の基礎と，産業基盤たる全国的な広告出稿の前提ができあがった契機は，関東大震災であった．このようなことはメディア産業に限らず，多かれ少なかれ，さまざまな業種で発生した．震災を乗り越えられる体力のあった会社や他地域の関連会社と連携ができた企業は生き残り，そうではない会社は淘汰されていったのである．

本章にあげたように火災避難や広域避難など人の移動，産業・物流の問題など避難や直後の対応に関しては，東日本大震災でも同様の問題が発生するなど，いまだに同様の課題を抱えているものも多い．またここでは扱わなかったが流言・情報，居住範囲の土砂災害のリスクの認識などソフト的な問題も，現代まで残されている課題と言えよう．

7.2　関東大震災の心理的影響と教訓：「忘却」と「風化」

次に心理的な影響をみていこう．

人々は災害が起こると脅威を感じ，不安を感じる．そして，その災害を理解し，克服しようとする．しかし通常の日常生活，経済活動を営むなかで，情報が入らなくなり，意識しなくなるとそれらを「忘却」する．社会的には「風化」し「災害は忘れたころにやってくる」という状態になり，次の災害や危機の脅威ともなる[1)]．

個人の「忘却」にしろ，社会の「風化」にしろ，災害・災禍というのは忘れられやすい．阪神・淡路大震災，東日本大震災のことを「忘れない」と多くの人，多くのメディアが言いつつも，5年，10年が経過すれば，その周年の時期だけは思い出して，それ以外はあまり思い出さなくなる．周年の時期に合わせての報道やイベントもいかがなものかとも思うが，十数年が経過すれば1年に1回くらいはきちんと考えようという時間があるだけでも意味があるのかもしれない．だが，それも限界があろう．

関東大震災から100年目の1年間，アンケート調査も多く行われた．2023

年8月に日本赤十字社が行ったネット調査（10代から70代の男女1200人を対象）によれば，9月1日の「防災の日」の由来が関東大震災であることについて，「知っている」と答えたのは50.8%，「知らなかった」と答えたのは49.2%であったという．2023年6月に共同通信が行った郵送調査（3000票配布，1758票有効回答）によれば，関東大震災の流言を問う質問として「関東大震災では情報が不足したため，多くの地域で事実ではないデマが広がり，混乱に拍車をかけました．あなたはこのことを知っていましたか？」という問いに対して，「知っている」という人は33%であった．

戦争，公害，犯罪などの苦しんだ経験については，みな記録を残そうとし，過ちを繰り返させないように記憶の継承というものに強く重きを置く．だが，災害，感染症など自然由来のものは，なぜか忘れやすく，詳細に何が起こったかを記録しようという意識は低い．人は家族や友人・知人，自身の「死」から逃れることはできない．だが，その「死」を常に考え続けるということも精神的には難しい．どこかで忘れなければ，心理的に平常を保って生きることはできない．多くの人が犠牲になったり苦しみを受けるできごとについても同様で，いつの間にか忘れ，そしてそれを繰り返す．

関東大震災から11年後に2000人近い死者を出した函館大火が起こったとき，寺田寅彦は「函館の大火について」という文章のなかで，江戸時代は大火が繰り返されたが，その教訓を忘れ，関東大震災で多くの火災による犠牲者を出したことを，人間とは「驚くべく忘れっぽい健忘性な存在」と指摘している．それを10年ちょっとで函館大火が発生したことと紐づけて，指摘している．

1930年，関東大震災から7年後に帝都復興祭が盛大に挙行され，復興した東京を祝う旗行列，音楽行進などで祝賀が行われた．そしてその後の第二次世界大戦と空襲を経て，関東大震災は思い起こされることもなくなっていくのである．だが，この関東大震災の「忘却」「風化」は，震災直後から指摘されていたことは記録されなければならない．

小説家の小川未明は，関東大震災の翌年に震災直後の風潮を踏まえつつ，「忘却といふことがなかつたら，この人生はあまりに傷ましいものでありませう」「大抵の人は，戦争，地震，大火，病気，それ等の怖しい経験と思ひ出をもたないものはありますまい」「忘却があればこそ，人は涙にぬれた眼を洗つて，また笑つて，明日の太陽を仰ぐことができるのでした」という（小川，1924）．忘却は必ずしも悪いとは限らないのである．

「忘れてはならない」「忘れてよいのだ」という両者がなければ，人間は，社会は災害を乗り越えていけない．また，それらの葛藤を乗り越える論理をみつけなければ「忘却」「風化」を超えて災害を「継承」「伝承」していくことはできない．だが，その方法をわれわれはみつけられていないのである．

7.3　関東大震災の「継承」と「伝承」

では「忘却」「風化」を乗り越えることは可能なのであろうか．すなわち教訓を継承し，伝承することは可能なのであろうか[2)]．

関東大震災から離れて別の例を議論しよう．津波の伝承，安政南海地震の災害教訓として「稲むらの火」という話がある．1854年安政南海地震の際に，たまたま実家に帰省していた濱口梧陵（ヤマサ醤油第七代当主）は「稲むら」に火を放って，高台にある広八幡神社の境内に暗闇の中で逃げ遅れていた村人を導き，多くの村人の命を救ったという話である．その後，濱口梧陵は堤防構築なども行った．もちろんこれは，小泉八雲（ラフカディオハーン）が取り上げたこと，国定教科書に使われたこと，災害では珍しいGood Caseであることなど，有名になったのはいくつかの要因がある．

だが，それよりも重要なことは，よく考えれば，このときに濱口梧陵は広村に大きな津波がくる可能性があるということを知っていたということである．すなわち安政南海地震の約150年前，今から約300年前の1707年の宝永地震のことを濱口梧陵が知っていて，それを踏まえて適切にふるまい，多くの人を救った事例なのである．そして，それが逃げることのみを考えよという現代の人々の教訓になっている．宝永地震の津波，安政南海地震の津波，昭和南海地震の津波という300年の間に3回程度繰り返す津波への備えについての教訓である．

そして，それらの「知識」とは決して，高度に科学的な「知識」ではない．東日本大震災では釜石市立鵜住居小学校・釜石東中学校，浪江町請戸小学校の事例のみならず，宮城・岩手・福島の沿岸部の多くの幼保，小学校，中学校で，避難に成功した．それは大きな地震から一定程度の時間が経過したら，津波がくるという災害教訓，基本的な知識を持っていたからである．災害から難を逃れることに，たまたまの奇跡もなければ，高度に科学的な知識は必ずしも必要はない．

だが，都市の地震災害はどうだろう．都市部の大規模地震のときに延焼火災を止めることは，現在の消防力をもっても難しいのだということを知っている人は多くはない．広域避難場所に行って延焼火災から難を逃れるということを，地震火災からの避難のやり方として知っている人（火災から難を逃れるための広域避難場所と小学校や中学校など生活のための避難所とは異なることを知っている人）は多くはない．科学的な知識というよりは，関東大震災の災害教訓，江戸時代から続く地震火災に関する基本的な知識を知らないのである．現段階で津波とは異なる安政江戸地震や江戸時代の大火や関東大震災という地震や都市火災の教訓を伝承することに失敗している．

関東大震災から 100 年が経過して明確になったことは，災害は「忘却」「風化」し，「継承」「伝承」が困難であるという単純な命題（テーゼ）である．だがこれを乗り越えることも人類の叡智をもってして可能となろう．純粋な科学的な研究（Science）も重要だが，災害時の心理や社会についての研究や，「伝承」などの時空を超えたコミュニケーションの研究といった社会科学的研究（Social Science）も求められているのである．

7.4　残された課題

総じて「地震に関する諸現象の科学的研究」のなかで「地震の現象」や「地震による災害」などの「物理現象」としての解明はすすみ，工学的な対策，都市計画的な対策は取られるようになった．だが，なぜ，それらが行われてきたのかを現代世代は知らない者も多い．そして，災害に関する「社会現象」「心理現象」については，解明はあまり進んでいないし，それらに対する「災害の予防並に軽減方策の探究」は十分に進んでいるとは言えないのである．

本章では取り上げなかったが，心理現象としての「流言」もしかりである．関東大震災の混乱を経験し，その後，社会学者を志した清水幾太郎は『流言蜚語』という書籍のなかで，対策をたてる前に，本質を知り，科学的に究明せねばならないと論じている．朝鮮人や中国人，社会主義者，地方出身者やその方々と誤解された6千余人が，流言などを要因として虐殺された．多くの記録は残されているが，100年経過しても政府の公的記録についてはあいまいな答弁が行われ，歴史的事実から目を背けようとする人も多い．その後，流言（Rumor）の研究は進んでも，関東大震災の流言の実態の解明はまだ十分ではない．

近年は，災害研究に限らず，こと研究全般においても短期的な成果として社会実装を求められる．「災害」「防災」も，科学，社会科学として真理の追求を行うことによって，その対策の本質に近づくはずなのだが，短絡的に対処療法ばかりの研究も少なくない．また災害のように繰り返しがあるものの場合は教訓を次に生かそうという意識が強く，過去の災害は克服し得た対象と無意識に思っている場合も多い．ゆえに「過去から学ぼう」という姿勢はなかなか長続きせず，同じような失敗を繰り返し続けているように思われる．

東日本大震災から十数年が経過したが，たしかにまだ「東日本大震災とは何だったのか」という問いに説明できる人はいない．翻って，100年がたっても「関東大震災とは何だったのか」という問いへの解答も明確なものはない．総じて「災害」とは何か．この問いは，意外と難解な問いであり，学問としてもいまだ追究対象なのである．

注釈

1）一人ひとりの頭の思考のなかで，意識しなくなること，思い出せなくなることを「忘却」というが，これは個人における心理的プロセスを表現している．心理学の「記憶研究」において記憶していた情報を思い出せなくなる個人の心的過程が元々の原義である．社会における「忘却」「記憶」という表現は，一人の記憶過程に例えているという意味で換喩の一種である．

「風化」は，地表や岩石が，気温・空気・水などの物理的・化学的作用によって，次第に破壊されていくさま全体をいう．それを転じて，社会として記憶や印象が薄まっていくことも「風化」というが，これは多くの人々や社会におけるそのありようを隠喩で表現したものであり，集合的な社会的プロセスを指している．たしかに，一人が何かを忘れることを風化とは言わないのである.
2) もともと災害の教訓については「継承」という言葉を用いることが多かった. 1995年阪神・淡路大震災を契機に作られた「人と防災未来センター」は「阪神・淡路大震災の経験と教訓を後世に継承し, 国内外の災害による被害の軽減に貢献するための施設」などとされるように, 2011年以前は長らく「継承」という言葉の方がよく使われていた. 東日本大震災の後はなぜか「伝承」という言葉が多く使われている. 辞書的には,「伝承」とは言い伝えや風習を世代を超えて伝えること,「継承」とは地位や権利, 義務など実生活にかかわるもの一度だけ受け継ぐ場合をいう.
津波被害の石碑, 被災した小学校などの建物, 奇跡の一本松など東日本大震災のことを伝える震災遺構や施設を「震災伝承施設」と呼び, それらをプラットフォーム化する取り組みを「3.11伝承ロード」と呼んでいる. 岩手県陸前高田市「東日本大震災津波伝承館」, 宮城県石巻市の「みやぎ東日本大震災津波伝承館」, 福島県双葉町「東日本大震災・原子力災害伝承館」という施設が設置されたが, それぞれ「伝承館」という名称を付している.
国土地理院は2019年に新たに「自然災害伝承碑」の地図記号を制定した. 過去に発生した津波, 洪水, 火山災害, 土砂災害などの自然災害に関わる事柄が記載されている石碑やモニュメントを地図上にも残そうという取り組みのひとつである.

参考文献

小川未明 (1924) 忘却と無智. 中央公論, 6月号.
尾原宏之 (2012)『大正大震災—忘却された断層』白水社.
北原糸子 (2012) 関東大震災における避難者の動向—『震災死亡者調査票』の分析を通して. 災害復興研究, 4, 43-51. 関西学院大学災害復興制度研究所. https://www.kwansei.ac.jp/cms/kwansei_fukkou/file/research/bulletin/saigaifukkou_2012/kiyou4_kitahara.pdf
北原糸子 (2023)『震災復興はどう引き継がれたか—関東大震災・昭和三陸津波・東日本大震災』藤原書店.
清水幾太郎 (1937)『流言蜚語』日本評論社.
関谷直也 (2021)『災害情報—東日本大震災からの教訓』東京大学出版会.
大広 (1994)『大広百年史』.
竹山昭子 (2002)『ラジオの時代—ラジオは茶の間の主役だった』世界思想社.
寺田寅彦 (1948) 災難雑考.『寺田寅彦随筆集』第五巻, 岩波文庫, 岩波書店.
寺田寅彦 (1948) 函館の大火について. 小宮豊隆編『寺田寅彦随筆集』第四巻, 岩波文庫, 岩波書店.
内務省社会局 (1924)『震災調査報告』.
萬年社 (1990)『萬年社広告100年史』.

コラム４　関東大震災を当時の新聞はどう伝えたのか

目黒公郎

著者らは朝日新聞のデータベース（朝日新聞記事データベース聞蔵）を活用して，「関東大震災を当時の新聞はどう伝えたのか」を分析しているが，その結果のごく一部をここでご紹介する．関東大震災では，交通施設や電話回線などのライフライン施設に発生した甚大な被害により，新聞各社では記事の制作が困難になった．図１にも示すように，朝日新聞は，東京（東京朝日新聞）での新聞の発刊ができず，震災後の１カ月間は主として大阪（大阪朝日新聞）で発刊することになった．用いたデータベースには，1923 年から 1999 年までに朝日新聞に掲載された１万 1400 を超える「関東大震災」関連の記事が収録されているが，記事数全体の９割は 1930 年までの記事が占める．また，全体の約５割は発災から約２カ月間に集中している．

各記事には，朝日新聞がつけた 17 の文字列（災害・事件・事故，社会，政治，経済など）からなるカテゴリー１と，157 の文字列（自然災害，交通・通信，火災など）ならなるカテゴリー２の文字列に加え，約３万 9000 語のキーワードが付加されている．このキーワードの出現頻度を発災からの時間の経過とともにカウントすると，図２に示すような結果が得られる．

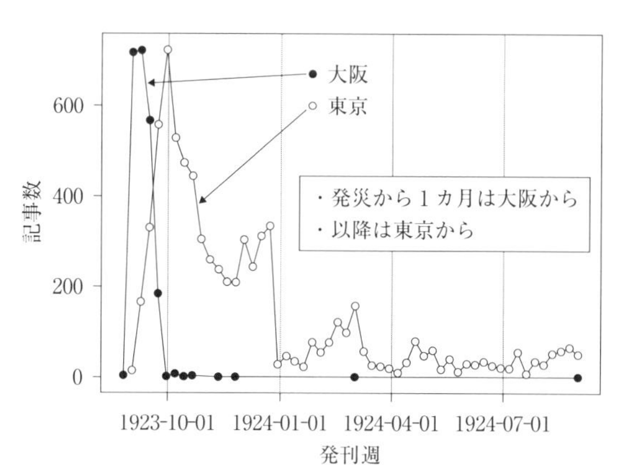

図１　東京と大阪の朝日新聞が掲載した「関東大震災」関連の記事数

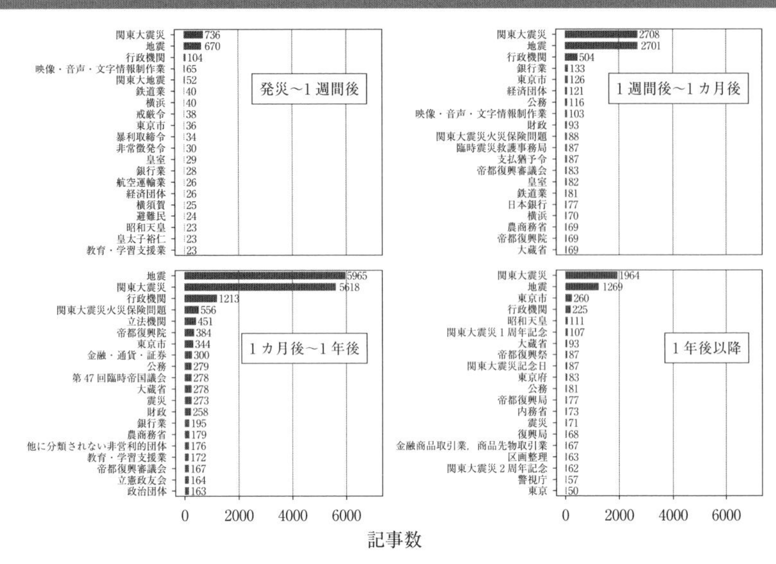

図2 朝日新聞の「関東大震災」関連記事における時期別のキーワードの出現回数

時期によって記事数自体は大きく変動するが，いずれの時期においても，「関東大震災」と「地震」の2つが抜きんでて多い．しかし，それ以下のキーワードは，時期によって変化している．発災直後に見られる「戒厳令」「暴利取締令」「非常徴発令」「避難民」などのキーワードからは，被災地の混乱状況が推察される．また関東大震災の後には，大規模な延焼火災で多数の家屋が焼失し，住家をなくした人々への火災保険の問題が議論されるが，それらの様子も発災から1週間後から1年後くらいの間に多数出現するキーワード「関東大震災火災保険問題」から見て取れる．帝都復興に関わるキーワードが頻出するのも，同様に発災後1週間後から1年後であり，この時期に盛んに議論されるとともに，その骨子が形成されたことがわかる．一方で，河川を埋め尽くした多数の死体や大量の震災廃棄物が発生しているので，これらの処理にあたっては，環境上の問題も出ていたことは確実だと思われるが，環境に関する問題の記載はほとんどない．この背景には，現在に比べて環境に対する認識が当時は著しく低かったことがあると考えられる．

第Ⅱ部

関東大震災と東京大学の貢献

8　東京大学と関東大震災

佐藤健二

東京大学が今から100年前の「大正関東地震」をどう経験したのか．どれだけ東京大学の建物が損壊し，火災による被害がいかに大きかったか．第II部の冒頭にあたり，この本郷キャンパスに話題をしぼって，概略を論じよう．

8.1　本郷キャンパスの形成

まず前提として，ほぼ150年前に本学が「東京大学」として出発したとき，まだ本郷キャンパスは，大学としての形を整えていなかった．帝国大学としての姿を整えるのに，少なからぬ時間がかかった事実も，押さえておきたい．そのころ池之端に住んでいた馬場孤蝶は，当時の構内を次のように回想している．

> 「明治12，3年ごろは大学の構内には，医科すなわち当時は医学部といっていたのがあったばかりで，この旧加賀邸の赤門寄りのほうは，茫々たる薄原で，その草の間に，昔の井戸の跡なのであろうが，黒く塗った木を枠にして，危険除けの目印にしてあるのがいくつとなく見えるのが，ひどく寂しく感ぜられた．」（馬場，1928：15）

最初は医学部しかこのキャンパスにはなかったので，東京大学創立の年に医学部予科に入学した入澤達吉なども，ただ南の片隅に建物があるだけで，残りは狐がでるような原っぱだったと証言している（入江，1933：299）．当時の参謀本部陸軍部測量局が1883（明治16）年につくった「五千分一東京図測量原図」の「東京府武蔵国本郷区本郷元富士町近傍」の地図（図8.1）をみると，東京大学が発足して数年経つのに，現在の安田講堂のあるあたり

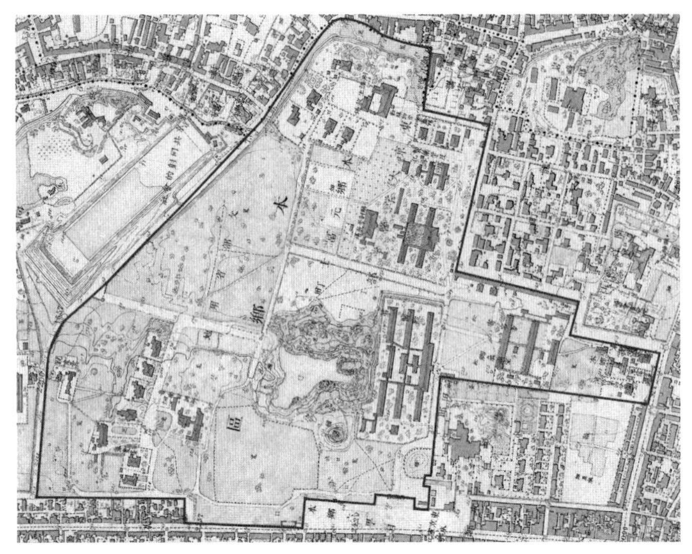

図 8.1　1883（明治 16）年本郷元富士町近傍（参謀本部陸軍部測量局, 1883）．以下本郷キャンパスの地図は左が「北」方向．

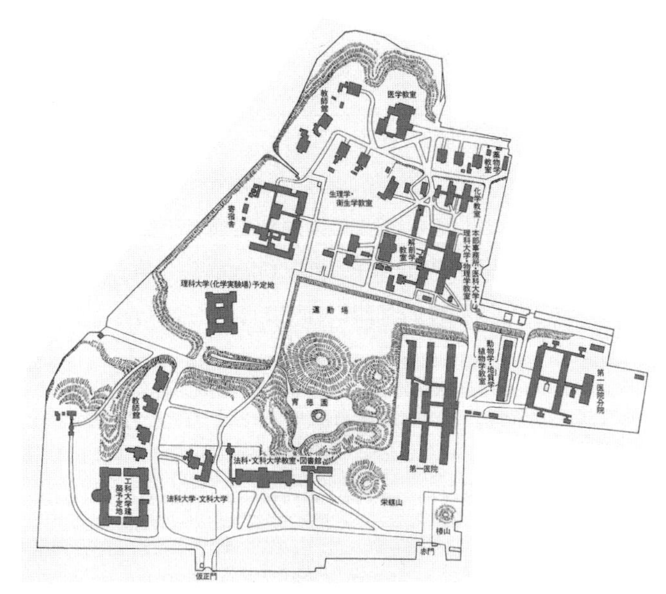

図 8.2　1886（明治 19）年当時の本郷キャンパス（東京大学キャンパス計画室, 2018：82）

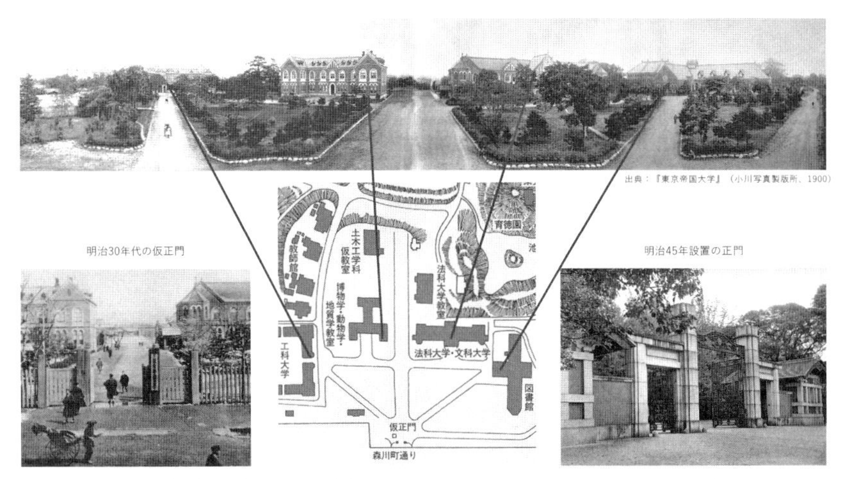

図 8.3　明治 30 年代の正門からの光景（小川，1900 所収のパノラマ写真および東京大学キャンパス計画室，2018：106 から構成）

から赤門の付近まで，まったく建物がない．1886（明治 19）年になって，北側にすこし建物がみえる（図 8.2）が，それでも法文の校舎などわずかであった．

本郷に法・文・理の 3 学部や，工学部が集結して，しだいに司法省や工部省などの省庁に附属して専門家を養成する学校ではなく，総合大学としての帝国大学となる．そのあたりから，最初の煉瓦造りの建築物として建てられた法学部・文学部校舎をはじめ，新しい建物が多く建ち並ぶようになっていく．しかし建築史の藤井恵介によると，ルネサンス様式もゴシック様式もバラバラのごちゃごちゃで，とても統一感がある校地とはいえなかった（東京大学キャンパス計画室，2018：52）．

さらに，大学全体の「正門」と呼べるようなものがまだなかったことも，キャンパスの現実として象徴的である．劇場のような講堂と高く目立つ時計台をもつ安田講堂もまだなく，本郷の校地に諸学部は集まったものの，玄関となる正式の「入口」も，城における天守閣のような視覚的な「中心」も，明治 30〜40 年代には備えていなかったのである（図 8.3）．

今の正門のところにある門がようやく「仮正門」と位置づけられるのが，

明治20年代である．そして1896（明治29）年前後には，やがて銀杏並木になる直線路が現われ始める．この木製の門の「仮」が取れて「正門」に位置づけられるのは，ざっくりといって大正になってからである．おそらく1912（明治45）年に，鉄製の構造体の冠木門の柱部分を花崗岩の板で囲い，旭日と瑞雲と青海波をデザインした鋳鉄の扉を有する新しい門に改築されたあたりが転換点であろう．総長の浜尾 新（このひとには土木総長の異名があった）によって植えられた若木の銀杏がしだいに育ち，正門と大講堂建設予定地とを結ぶ直線路を主軸とする，キャンパスの基本計画が準備されていくのである．

その背景には，各分科大学の総合として活動を拡大しつつある東京帝国大学において，さまざまな教育・研究の設備が必要とされ，再開発の機運が高まりつつあったことがある．

8.2　地震による被害

「大正関東地震」は，そういう大学という学問の場を，空間的にも整備していく流れのなかの，予測できなかった災害として起こった．既存の煉瓦建造物の多くの壁面に亀裂が入り，あるいは大破し，倒壊した．

揺れで崩れたり大破したりして，使用できなくなった建物として，工学部本館から鉱山学科教室まで，6つの建物が『東京大学百年史』では指摘されている．おそらく，これが全部ではないだろうが，この6つの建物は大きく修繕することなしには，研究教育に活用できないくらいの被害を受けたと思われる．

しかし，建物の被害を拡大したのは，なんといっても地震のあとに起こった火災であった（図8.4）．

東京大学学内からの出火点は3カ所だったが，いずれも，その原因は薬品を納めてある棚の倒壊によるものであった．❶工学部の応用化学実験室，❷医学部薬学教室，❸医学部医化学教室地下研究室である．

このうち，❶と❷は，早い段階で消し止められている．しかし，❸の医化学教室の地下に発した火焰はおさまらず，激しく燃え上がって猛威をふるい，

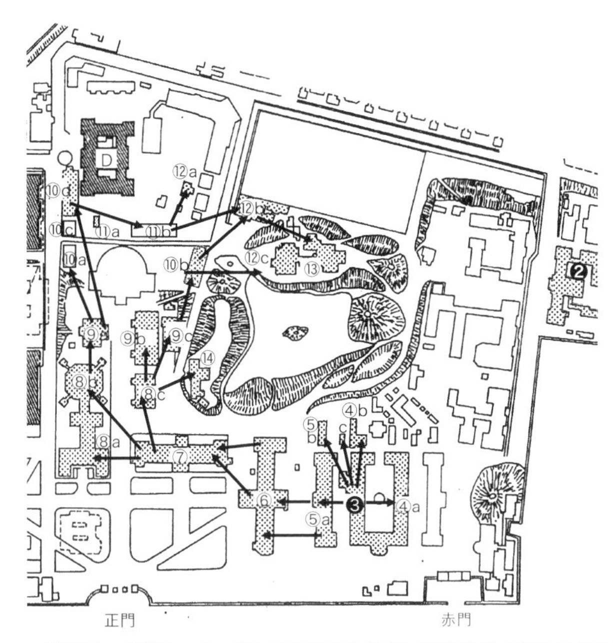

焼失建物

❶ 工・応用化学実験室
❷ 医・薬学教室
❸ 医・医化学教室
④ a生理学教室
　b医化学解剖室？
⑤ a薬物学教室
　b医化薬物学動物室
　c便所？
⑥ 図書館
⑦ 法文経教室
⑧ a法学部研究室
　b法学部講堂（八角講堂）
　c法経教室
⑨ a法科大学教室
　b法経教室
　c法経事務室
⑩ a？
　b法学部列品館
　c？
　d理・数学教室
⑪ a子午儀室
　b 数学仮教室
⑫ a度量衡器室
　b撃剣柔道場
　c本部事務室
⑬ 本部会議室（山上御殿）
⑭ 第一学生控所

図 8.4　本郷キャンパスでの出火と延焼（東京大学百年史編集委員会，1985：391 と内田，1923 より構成）．❶は本図の範囲外（北側）．

南側でつながっている④a 生理学教室，北側にあった⑤a 薬物学教室を焼き払うこととなった．

その日に吹いていた激しい南風が，構内の延焼を広範囲のものにしたのも不運であった．風にあおられた薬物学教室の火は，さらに北側の⑥の図書館や⑦の法文経教室に燃えうつる．この 2 つの建物に関しては，地震で建物の脇の壁が崩壊していたことが類焼を呼び込むこととなった．火は 2 階の崩壊部分から入っただけでなく，まだ焼け落ちていない天井とのあいだで気流を生じて，他の端から次の建物に炎を吹き付ける役割を果たした，と報告されている．火の通り道となった図書館は焼け落ち，東京大学全体として蔵書 75 万冊が失われた．

この図書館・法文経教室の火は，さらに北隣の⑧の法学部研究室・法経教室，さらに八角講堂と呼ばれていた法学部講堂を燃やし，⑨の教室・事務室に移り，あるいは⑩b の法学部列品館や⑩d 理学部数学教室へと進む．ここですこし風向きが変わったのか，あるいは旋風のような上昇気流の旋回があったのか，⑪b の数学仮教室や，⑫a の度量衡器室の屋根などを燃やしながら，⑫b の木造の柔道剣道の道場をおそうように廻っていく．当時，旧富山藩邸の建物を移築して利用していたため「山上御殿」と呼ばれ本部事務室が置かれていた⑬の山上会議所を燃やし，最後に窪地になっていたり植物に囲われていたりして無事だった⑭第一学生控所に燃えうつったということが，火災報告書に記録されている．文書館所蔵の図面は，内田祥三が震災後にじっさいに現地調査して書き加えたのではないかと思われる地図で，ちょっと消えていて不鮮明な部分もあるのだが，火のルートを示す「→」の痕跡があり，こうした火の流れが復元できる．

8.3 「燃える過去」と復興に向けて

さて，蔵書 75 万冊が失われたことに触れたが，この図書館の火災が，どれだけ激しいものだったかについて，当時，西日暮里に住んでいた野上弥生子の証言がある．「燃える過去」という印象的なタイトルの文章（野上，1923）で，当日の午後の風景を書いている．

1 日の午後 2 時過ぎ，野上弥生子は近所の小さな公園に避難していた．西南の方向で 2，3 の爆音が聞こえたかと思ううちに，見上げると「いままで空一杯に立ち塞がってゐた厖大な雲の峰」とは別に，千駄木の森の向こうに黒煙が立ち上るのがみえた．どうも本郷の大学が燃えているのではないか，と思い始めたころには，頭の上にしきりに灰やら破片やらが降ってきた，という．そのなかに混じっている燃え屑は，よくみると書物の切れ端であった．ある紙片には，黒く焦げた古い本の印刷文字がみえ，なかにはラテン語が書かれているものを拾ったひともあった．野上は，帝国大学の「知識の宝庫が燃えている」ことを知って戦慄を覚えた，と書いている．そして，つい何日か前に読んだばかりの，バーナード・ショーの戯曲『シーザーとクレオパトラ』のなかの「アレクサンドリア図書館の炎上」の場面を思いおこす．

じっさいに失われたのは，単に大量の書籍というだけではなかった．さまざまな歴史を内蔵し，帝国大学の所蔵にたどりついた，それぞれにかけがえのない書物群がそこで灰燼に帰した.

経済学部の経済統計研究室から失われたのは，たとえば1900年にドイツに留学中の統計学者・高野岩三郎が購入した，エルンスト・エンゲルの旧蔵書であった.「エンゲル係数」で知られる統計学者である．また，文学部の高楠順次郎が岩崎久弥の援助のもとで日本にもたらしたオックスフォード大学の比較宗教学者のマックス・ミュラーが集めた蔵書1万冊なども焼失する.さらに内務省・外務省・文部省・大蔵省・宮内省等々から引き継いだ寺社奉行や評定所の旧幕府の記録，釜山文書，李朝実録，紅葉山文庫本などが失われたことを，のちに多くのひとが惜しんでいる．柳田国男も「各郡村誌」と表紙にあった資料，すなわち明治10年代に内務省地理局が全国を調査して，中小の字にいたるまで通行の地名を書き上げ，その地の沿革や風俗習慣にいたるまで書き留めた数百冊におよぶ資料の多くが焼失したことを『地名の話その他』に記している（柳田，1933→1998：10).

鎮火したのは，2日午前1時30分ごろであったというので，1日午前11時58分の最初の大揺れからほぼ半日にわたり燃えていたことになる.

8.4　仮教室での授業の再開

東京全体での火災は，ほぼ3日間にわたる一方で，ほぼ半日で消すことができた東京大学には，多数の罹災者が構内に避難することになった．運動場その他の空き地に避難者が充満したと記されている.

いま残されている動画記録に，赤門を出入りする人たちが映し出されているが，そのなかに避難民と覚しき老婆や救援所であることを示す看板などがある．当日の大学の医学部などにおける震災対応や，そこでの注目すべきできごと，あるいは学生の救護団などの罹災者救援活動等々については，本書の9章（赤川 学教授)，10章（鈴木晃仁教授)，11章（鈴木 淳教授）の報告を参照されたい.

ちょうど夏休み中だったこともあって，すぐに講義・演習・実験等が可能な「仮教室」がさまざまに急造され，10月から11月にかけての講義開始に備えることとなった．じっさい，震災翌年の『東京帝国大学要覧』の地図

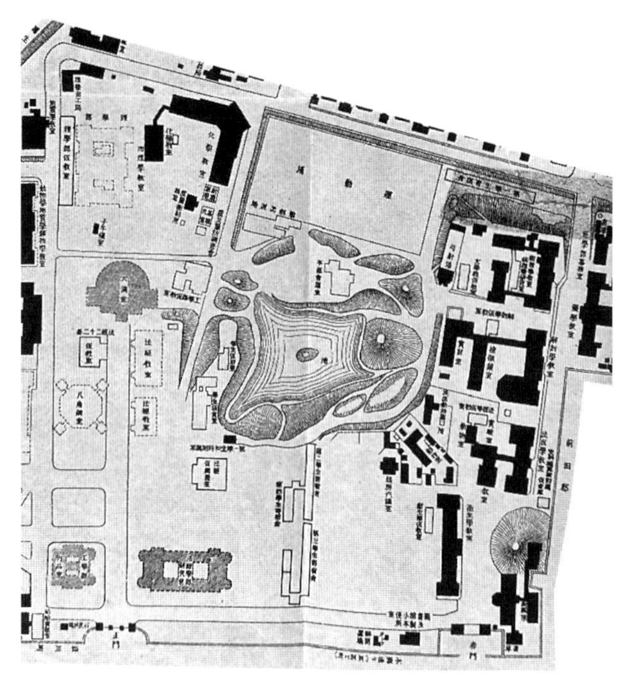

図 8.5　1924（大正 13）年 3 月現在の東京大学構内図（東京帝国大学，1924：巻末平面図）

（図 8.5）をみると，さきほどの火災で延焼したあたりは，まったく建物の影がなく，「仮」の文字のついた施設が目につく．

突如として浮上したキャンパスの代々木移転案（これは陸軍が用地を手放さなかったことで幻に終わる），また内田祥三の復興計画については，加藤耕一教授の 13 章も参照されたい．ひとつだけ，震災によって，第一高等学校と駒場の交換が行われ，また前田侯爵の屋敷もさらなる交換でキャンパスに繰り入れられ，9 万坪から 15 万坪に敷地が拡大したことは触れておきたい．まさに，そこにおいてすでに震災前からキャンパス計画としては動き出していた，大学の空間計画（とりわけ建築物の外観）に，新たな統一がもたらされた．いわゆる内田ゴシックの建物を図に落としてみると，震災がじつにキャンパスを一新するきっかけとなったことがよくわかる（図 8.6）．

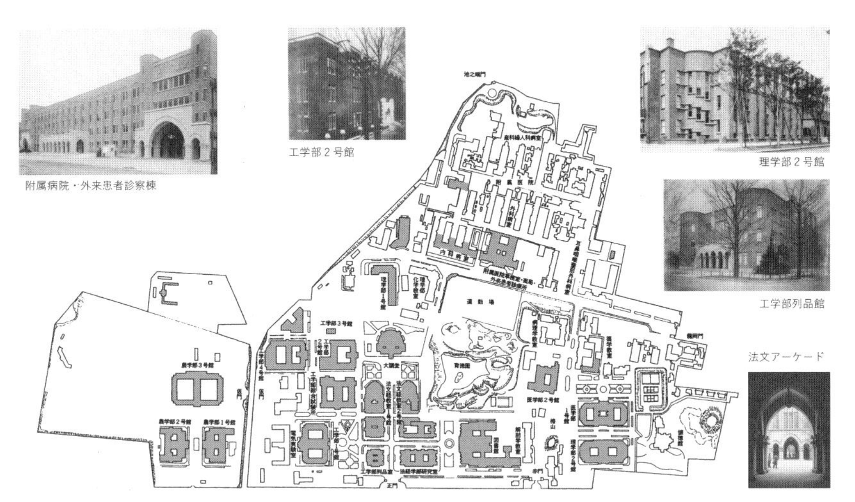

図 8.6　内田ゴシックキャンパス（1931 年）（東京大学キャンパス計画室，2018 より構成）

8.5　世界からの援助と図書館の復興

さて，建物などとは別な側面から，震災後の東京大学に生まれたものを，いくつか整理しておこう．

そのひとつが，図書館という知の蓄積の復興に際して，世界からさまざまな援助が寄せられたことである．震災２カ月後の 11 月には，アメリカからの寄贈図書が届き，フランス，ベルギー，スイス，オランダ，ドイツ，スウェーデンの各国学士院（アカデミー）が復興援助の委員会を組織し，またヴァチカン図書館やコーチシナ（現在のベトナム），シャム（現在のタイ），ハワイ，ギリシア，インドなどからも，続々と寄贈図書が寄せられた．失われた蔵書を補う資金や貴重書もまた寄贈される．仮書庫は満杯になり，仮図書館の廊下には数百の荷箱が積み上げられ，安田講堂２階の仮設の部屋（今の総長室の近くか）では，数万冊が整理中だとある．

国内からも，援助が寄せられる．紀州徳川家の当主・徳川頼倫（よりみち）が麻布飯倉の自邸敷地内で公開していた「南葵文庫」がそっくり東京大学に託され，津和野の亀井茲明（これあき）がドイツ留学中に集めた西洋美術・工芸関係書や，震災の前

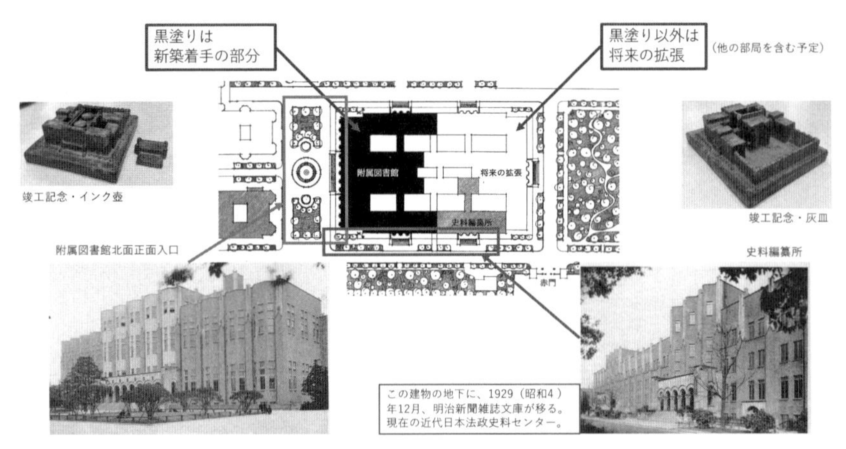

図 8.7　附属図書館の新築と周囲予定図（東京帝国大学附属図書館，1926 の図をもとに構成）

年に亡くなった森 鷗外の蔵書が遺族から寄贈され，その他の購入コレクションを含めて東京大学の新たな蔵書に多様性が生まれてゆく．

なによりも多くの関係者がいまも記憶し，深く感謝しているのは，被災後1年の1924年10月に，ロックフェラージュニアから400万円（今の価格にして60億円とも100億円ともいわれる）の寄付金の申し込みがあったことである．それは本学図書館復興資金としてであり，その資金の大部分を建設費にあてることで，新しい附属図書館が完成した（図8.7）．

今回，調べなおして印象を新たにしたのは，この図書館の建物の再建とともに内田祥三が力を入れた「博物館」整備の構想が存在したことである．内田は，震災直後に被害のあった建物だけでなく，学内をくまなく調査している．医学部の教室の地下室に行ってみると，そこに人類学者の坪井正五郎が集めたさまざまな資料や標本が，ひとが入る隙間がないほどに充満していた．東京大学では，前の先生が集めたものがほとんど使われないままに死蔵されている例が多く，建築の研究についても同様だと実感する．この構造を変えるには「ミュージアム」が必要だと，図書館に匹敵する博物館の構想をたて，大講堂・図書館・博物館の３つを軸にしたキャンパス構想を考えてゆく．残念ながらその規模においては実現しなかったし，図書館の構想のなかに文書館までが入っていたかどうかは未検討だが，建物だけでなくキャンパス計画の機能的な側面にも注目すべきではないだろうか.

8.6 地震の応用研究の新たな厚み

もうひとつが，大学の研究の厚みというか深さの拡大である．それを象徴するのが，東京大学が1925（大正14）年11月に新たに設置した地震研究所であった．研究所という新たな仕組みが，このあと第二次大戦後にかけて，大学に加わっていく，その初期における注目すべき試みである．

地震研究所は，組織としては「地震の学理及び震災予防に関する事項の研究を掌る」機構として創立される．すでに1891（明治24）年の濃尾地震をきっかけに震災被害の予防策の検討を目的に，文部省所轄の研究機関として勅令によって設置された震災予防調査会が，関東大震災に際して有効な対策を打ち出せなかったことが批判されていた．震災予防調査会は「施設不十分なるがため，所期の成績を挙ぐること能わざるはすこぶる遺憾とするところ」（東京大学百年史編集委員会，1985：324）という理由を掲げて，専門の研究所として，応用的研究と純理的研究の両方をになう機関として東京大学地震研究所が設置された．

組織としては，その4年前に設置された航空研究所と同じく（航空研究所官制第9条第1項），教育の講座に属さずに研究に専念できる教員が認められた．その意味では，大学に高等教育とは異なる研究の機能が，研究所として組織されるかたちが生み出されたのである．

『東京大学百年史』は，この研究所設立が，大森房吉や今村明恒らの古典地震学にあきたらない，末広鉄腸の次男で造船工学の末広恭二，物理学の長岡半太郎，随筆家としても著名な寺田寅彦らによって推し進められ，「それまでの地震学とは別な観点から地震研究に取り組もうとし」，専任所員たちも「これまでの地震学における専門家でないところに」（同前：327）大きな意味があったと論じている．

8.7　明治文化の研究と継承

３つ目に，明治文化研究会と明治新聞雑誌文庫も，関東大震災が生み出した新たな動きとして，私は重要だと考えている．広い意味で明治文化研究会のメンバーが中心となって生み出した機関に，戦後に東京大学新聞研究所となり，現在の東京大学情報学環につながっていく「新聞研究室」（東京大学百年史編集委員会，1987：481-4）がある．これらについても，震災が生み出した変化として注目しておきたい．

中心となる人物が，法学部教授の吉野作造である．高校の歴史の教科書では，「民本主義」と結びつけて知られているが，じつは明治文化研究を大きく推進した学者でもあった．私自身は典拠をきちんと確かめていないが，震災での猛烈な図書館焼失のさい，二度にわたって火災のなかに飛び込んで書籍を救おうとしたが，周囲に止められて，涙を流していたという．

1924（大正 13）年 11 月に，この吉野作造を会長に，法制史，政治学，文学，ジャーナリスト，判事など，官・民・学を横断する多様な人びとが集う明治文化研究会が結成されることもまた，震災が生み出した動きである．大学の学者たちだけでなく，民間で活躍する学問追究者（のちになって，鹿野政直や鶴見俊輔らによって民間学者と呼ばれるようになる人びと）たちとの連携は，新しい傾向であった．彼らの関心の基盤に，関東大震災で，近代になって初めて蓄積され始めた新聞・雑誌などの多くの資料が喪失したことがあった．明治維新から数えると「明治 60 年」になろうかという時代，さまざまな新しい文化や事物が生まれた明治・大正をかえりみようとするとき，根拠となる資料や記録が欠落した時期になってしまう．

だから，現代にいたる変化の記録を残すために，従来の歴史研究が相手にしていなかった情報資料（その代表が新聞や雑誌であった）を，きちんと集め，参照されるような蓄積をつくらねばならない．その現代史研究のひとつの成果が，三度にわたって改訂された『明治文化全集』（吉野，1927-30 その他）であったと思う．

東京大学との関係でいえば，1926（大正 15）年９月に，博報堂の創業者・瀬木博尚が「新聞雑誌保存館」創設のために15万円の寄付金を東京帝国大学に提供し，翌年，明治新聞雑誌文庫がつくられる．これは1929（昭和4）年，図書館の将来の拡張のなかに組み込まれて，現在の地に位置づけられていく．

さらに同じ年に，同じく明治文化研究会の同人であった新聞の歴史研究者の小野秀雄によって，法・文・経3学部が協力して関係するかたちで，先に述べた「新聞研究室」が発足する．これもまた，一連の動きとしてとらえるべきであろう．この研究室は，やがて戦後の「新聞研究所」につながり，現在の情報学環にいたる系譜であり，人的にだけでなく，思想としても明治新聞雑誌文庫と深くつながっている．社会のなかで作用する情報の諸形態が，学問の枠組みのなかに入っていく，ひとつのきっかけになったといえる．

引用文献

入江達吉（1933）明治十年以後の東大医学部回顧談．『雲荘随筆』大畑書店．

内田祥三（1923）東京帝国大学構内平面図（書き入れ）．『東京帝国大学構内及び附属航空研究所火災報告 附図（別冊）添付』東京大学文書館蔵．

小川一眞（1900）『東京帝国大学』小川写真製版所．

参謀本部陸軍部測量局（1883）東京府武蔵国本郷区本郷元富士町近傍．『五千分一東京図測量原図』陸軍省．

東京大学キャンパス計画室編（2018）『東京大学本郷キャンパス―140年の歴史をたどる』東京大学出版会．

東京大学百年史編集委員会（1985）『東京大学百年史 通史2』東京大学．

東京大学百年史編集委員会（1987）『東京大学百年史 部局史4』東京大学．

東京帝国大学（1924）『東京帝国大学一覧 従大正12年 至大正13年』東京帝国大学．

東京帝国大学附属図書館（1926）『東京帝国大学図書館復興報告 第三』東京帝国大学附属図書館．

野上弥生子（1923）燃える過去．『改造』5巻10号．

馬場孤蝶（1928）古き東京を思ひ出て．『週刊朝日』2月12日号→（1942）『明治の東京』中央公論社．

柳田国男（1933）地名の話．『地名の話その他』岡書院→（1998）『柳田国男全集7』筑摩書房．

吉野作造（編輯代表）（1927-30）『明治文化全集』全24巻，日本評論社→（1955-59）全16巻，日本評論新社→（1967-74）全28巻・別巻1・補巻3，日本評論社→（1992-93）全28巻・別巻1・附録2・書目解題．

9　東京大学第二外科の震災対応

赤川 学

9.1　医学部第二外科に残された『当直日誌』

1923（大正 12）年 9 月 1 日に発生した関東大地震（関東大震災）にあたり，東京帝国大学に所属する医師たちはどのように行動したのか．これを雄弁に示す史料が東京大学医学部図書館に残されていた．その名は『当直日誌』．それは，塩田広重を主任教授とする東京帝国大学外科学第二講座，通称，塩田外科に属する医局員たちが当直時に記した日誌である．これが 2021（令和 3）年，東京大学大学院医学研究科の大江和彦教授，同人文社会系研究科の鈴木晃仁教授（医学史），鈴木 淳教授（日本史）らの尽力により，マイクロフィルム化された．

塩田広重（1873-1965）は，丹波新津（現・京都府 宮津市）生まれ．第一高等学校予科を経て，1895（明治 28）年，東京帝国大学医学部に入学する．1902（明治 35）年，東京帝国大学医科大学助教授，1922（大正 11）年，東京帝国大学教授に就任する．その後，1928（昭和 3）年に日本医科大学学長を兼任し，1930（昭和 5）年 11 月 14 日，東京駅で襲撃された内閣総理大臣・浜口雄幸を治療したことで知られる．1934（昭和 9）年，東京大学を定年退官した．1946（昭和 21）年，貴族院議員，1954（昭和 29）年，文化功労者ならびに名誉都民に選出され，1964（昭和 39）年には勲一等瑞宝章を受章している[1]．日本の外科学のパイオニアの一人といってよい．塩田外科の同窓生である斉藤 淏が編集した『メスと鋏』（塩田，1963）によると，広

1　https://ja.wikipedia.org/wiki/塩田広重，2023 年 12 月 20 日検索．

重の祖父・幽哉は宮津藩の奉行職，父・塩田重威は小学校教師であり，広重自身は公立京都中学から私立東本願寺中学へと進学した．

塩田外科の当直日誌についても，『メスと鋏』所収の「塩田外科時代」のなかに説明がある．それによると，「親爺（筆者注：塩田広重のこと）には絶対極秘の文書」であり，「前の近藤外科時代に始まるもので，幸い震災にも戦災にも難を逃れてその大部分が残り，十五年にわたる塩田外科に関する貴重な古文書となった．それは当直の夜のつれづれに勝手気儘にものを書きつけるところではあったが，医局員の誰彼なしに追加補筆し，思いつくままに喜びも悲しみも怒りも不平もすべてをぶちまける一種の憩いの場でもあった」という（塩田，1963：212-3）[2]．

当直日誌には，1922（大正 11）年 1 月 30 日から 1934（昭和 9）年 3 月 16 日までの記録がある．とりわけ関東大地震（1923 年 9 月 1 日）発生以降，同年 12 月 31 日までの記録は「大正十二年 大震火災号」として特別に綴じられている．本章ではこのうち 9 月～10 月分を分析対象として，震災発生から 2 カ月の主要なできごとを取り上げる．それにより，東京帝国大学医学部第二外科の震災対応について論じる．

なお災害看護などの分野では，災害発生から 2-3 日を「超急性期」，1 週間までを「急性期」，2-3 週間を「亜急性期」，数カ月～数年を「慢性期」，それ以降を「平穏期」と呼んで区別することが一般的である[3]．これに基づけば，1923（大正 12）年 9 月 1-3 日ころまでが超急性期，9 月 4-7 日ころまでが急性期，9 月 8-21 日ころまでが亜急性期，9 月 21 日以降数カ月は慢性期と捉えることができるだろう．これに基づいて，震災発生から 2 カ月の主要なできごとを年表風にまとめたのが図 9.1 である．本章の進行も，おおむねこの時間軸に沿って記述することを試みたい．

2　『メスと鋏』では「医局日誌」として，一部が抜粋されている．10 章で取り上げられる「病床日誌」とは別のものである．

3　災害医療らぼ（災害医療大学），https://bigfjbook.com/gai-4/，2023 年 12 月 20 日検索．

日付，時間	できごと
9. 1，11：58	**関東大地震（推定 M7.9）発生**
9. 2	塩田外科救護所設置（本郷三丁目角・湯島天神下）
9. 3	**流言飛語発生，警備隊組織**
9. 6	**塩田，大地震発生後，初来院**
9. 7	塩田外科の図書室に臨時外科救療部本部設置
9. 13	当直制が復活
9. 17	**手術再開**
9. 18	**梨本宮**，災傷病者慰問
9. 25，20：00	山本登喜子（総理大臣・山本権兵衛の妻）を手術
10. 2，14：00	**皇后，罹災傷病者慰問のため行啓**
10. 10	教授の略式総回診再開
10. 15	医学部授業再開
10. 18，10：30	教授総回診再開
10. 20，12：30	臨床講義再開

図 9.1　震災発生から 2 カ月の主要なできごと（筆者作成）

9.2　震災直後の状況

まず，1923（大正 12）年 9 月 1 日 11 時 58 分に，相模湾北西部を震源とするマグニチュード 7.9 と推定される大正関東地震が発生した当日の『当直日誌』の記述をみてみよう．以下，断りのない限り，「　　」で括った部分は当直日誌からの引用である[4]．

この日は，「手術午前九時から（中略）二，中田五甲 胃癌 ヒンテレアナストモーゼ N.S 齋藤良」とあり，五号室の中田さんに対して胃癌の手術が行われていた．執刀は，塩田外科の齋藤良俊学士である．「午后〇時少しすぎ終る．女子醫専生徒若干名見學」とあり，東京女子医学専門学校（現在の東京女子医科大学）の生徒数名が見学していた．

4　マイクロフィルム化された『当直日誌』を Microsoft Word に書き起こす「筆耕」については小田泰成氏（2021 年時点で東京大学大学院学際情報学府学際情報学専攻修士課程 2 年）から多大なる協力を得た．記して感謝したい．本章ではこの「筆耕」とマイクロフィルムをつきあわせ，微修正を加えた上で，記載事項をいくつかのテーマに分類して Excel 上に貼り付け，時系列に並べて整理した．本章の記述は，これに基づくものである．

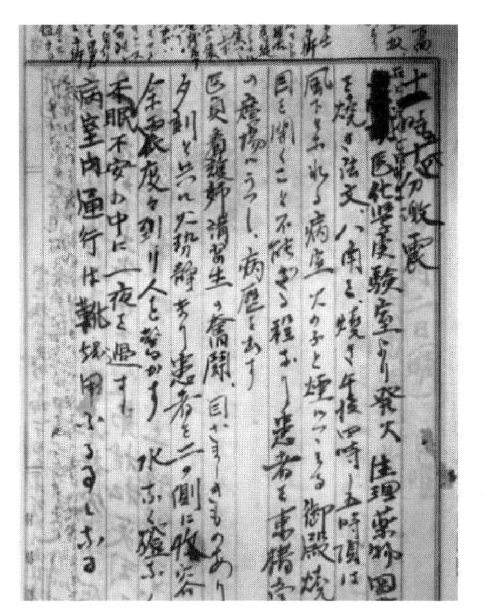

図 9.2　当直日誌・1923 年 9 月 1 日のマイクロフィルム

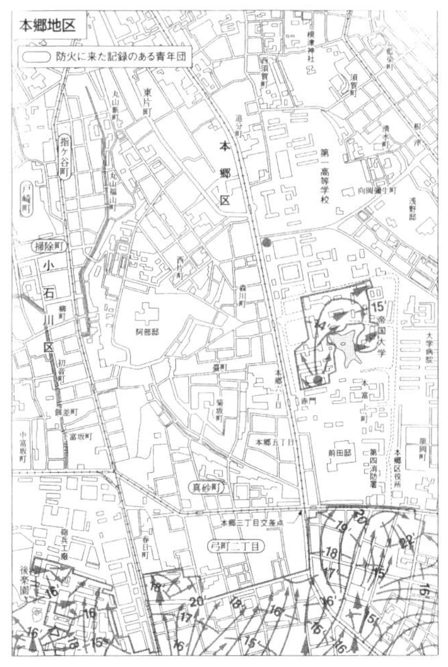

図 9.3　東京帝国大学本郷キャンパス周辺の火災状況（鈴木，2004：86）．—16′—は 1 日午後 4 時に延焼したことを示す．●火元，⟶飛火．

「大地震!!!」,「11 時 58 分激震」との記載の直後,「斎藤学士 胃癌手術ノマサニ終ラント筋肉縫合終リ皮膚縫合ニウツラントスル時 ニ激震アリ 手術場は上下左右前後ニ震動シ電燈落ち硝子飛ぶ．手術患者ハナルスコモさめとび起キントス 学士死ヲ決シ患者ヲ身ヲ以テ被ひ患者ノ生命ト手術創ヲ安全ニス医者の鑑み」とある．胃癌の手術も終わりかけたころ，激震があり，手術場は大揺れ，電燈やガラスが吹っ飛び，患者の中田さんもナルスコ（麻酔の一種）が覚めて飛び起きようとしたが，齋藤良俊が患者に覆いかぶさって，患者の生命と手術創を安全にしたことが「医者の鑑み」として褒め称えられている．この際，見学に来ていた「女子医専生徒」は「地震ニ際シ少シモ狼狽セズ感心ス」と記されている．若き女医の卵たちは肝が座っていたということだろうか．

その後，関東大地震の中心的な厄災である，大火事が発生する．東京帝国大学構内ならびに本郷近辺における火災状況については，鈴木 淳氏による浩瀚な研究がある（鈴木，2004：86)．これによると本郷キャンパスの東方，本郷三丁目以東の大半が焼失している．また本郷キャンパスのなかでは図書館，法科大学八角講堂，文学部，理学部本館などが焼失している（8.2 節参照)．この状況について当直日誌は，9 月 1 日付で,「医化学実験室より発火 生理薬物図書館を焼き法文，八角を焼き，午後四時一五時頃は風下となれる病室火の子と煙につゝまる 御殿焼ける頃目を開くこと不能ざる程なり 患者を東構堂北の広場へうつし，病歴を出す」,「医員看護婦講習生の奮闘，目ざましきものあり 夕刻と共に火勢静まり患者を二の側に収容す 余震度々到り人を驚かす 水なく燈なく食なし 不眠不安の中に一夜を過す」と記している（図 9.2)．かなり詳細で正確な描写といえよう．短い時間のうちに，患者を広場や二の側（筆者注：外科の二号病棟）に複数回，移動するなど,「医員看護婦講習生の奮闘，目ざましきものあり」という記述は必ずしも大げさではない．

翌 2 日には「千住浅草方面は黒煙に漲り上野公園及池乃端は避難者にて埋る」，3 日には「東南の風にて松坂屋まで来れる火は（前日の）午后十時半同店焼落ちて 先づハ附属医院は安心」とあり，本郷キャンパス構外で広がっていた火の手が，池之端の近くまで到達したことがわかる．九死に一生を得たといってよいほどだ.「然るに三日午前二時頃再び火の手は盛んとなり数寄屋町より岩崎邸の下まで来り芙蓉寮の下の女学校の屋根に火がついた頃は病院絶望とまで思はれたが実に天祐なり風向きは逆に西北となつたので辛くも火から免かれた」という. 塩田外科の医局員たちは,「この時クランケを図書館ウラに運ぶ」,「患者を再び二ノ側に移す」と再び大忙しとなる. 医学部第一外科にあたる「近藤外科と共同し救護所をあつめて外来診療申込所置き外来教場の看護婦之れにあたる」と記されている.

9.3　罹災クランケ（患者）の受け入れ

この「救護所」とは, 9月1日の大地震発生直後, 塩田外科に在籍し当時, 海軍軍医少佐であった都築正男（1892-1961）が中心となって設立したものであった.「本郷三丁目角の湯島天神下に塩田外科救護所を置く都築氏その他之に当る. 怪我人数名収容せらる」との記載がある. ちなみに都築は1925（大正14）年2月, 東京大学助教授となり, 1929（昭和4）年に口腔外科教室教授に昇任, 1934年（昭和9）年には塩田の後任として外科学第二講座教授に就任する. のちに広島原爆の急逝者を世界で最初にカルテに「原子爆弾症」と記載し, 被爆者・原爆症患者の治療に関わった「原爆症研究の父」として知られる人物である.

このの ち塩田外科は, 患者を徐々に受け入れることになる. 9月4日,「患者漸次退院の模様なり」とあるが, 6日には「罹災患者七名入院」,「大学病院 三百人の怪我人を引受けること丶なる」と記され, 7日には「罹災患者本日までの収容数二十一. 中二名死亡（その中一名は朝鮮の女で爆弾で自ら負傷せるものなり）」, 8日には「臨時収容患者総数四十七名に達す」, 10日,「罹災クランケ二十九名入院, 合計七十四名となる」ならびに「二名死亡」, 11日,「罹災患者続々入院」「罹災クランケ収容総数一〇二名, 転科」「死亡等を差引き在院患者九十一名也」と患者数が激増していることがわかる.

もっとも9月16日には,「両三日以来罹災クランケあまり来らず」と患者の受け入れはいったん落ち着いたようにみえる. しかし他方, 18日,「罹災クランケノ伝染病続発」，22 日には医局員にも院内感染が広がる．それは赤痢ならびにチフスであったようで，「罹災患者及附添にて赤痢及チフスに罹れるもの本日までに十名を算し院内 戦々兢々たり」という記載がある．

9.4 流言飛語・警備隊の動向

また 9 月 3 日ころから，朝鮮人に関する流言飛語が飛び交うようになる．3 日，「不逞鮮人の暴行（爆弾，放火，井戸ニ毒薬ヲ投ズル抔）の声におびやかされ市民安き心なし不安の極なり !!」と，流言飛語による不安な心境が記されるとともに，「警備隊組織せられ各医局員小銃空弾一発を持つて構内外を交替警戒す 真に不安の絶巓なり」と描写される（11.4 節参照）．医局員が小銃を持って構内外を交代で警備にあたったというのは，今となっては異様の感がある．

5 日，「『鮮人の暴行の恐 !!』なる声 未だ消えず」と流言飛語は収まりをみせない．しかし，医局員が警備に当たる状況は徐々に解消されていく．7 日，「午前六時までの警備 前日の通り以後は警備係これに当ることとなる」，「日中警備は我医局これにあたらず」とあり，医局員は警備の負担を解かれる．さらに「自衛団の武器警戒及び検問 警視庁より禁止せらる」，「暴利取締及び流言浮説取締緊急勅令交付せらる（六日）」，「構内警備午后六時より一明朝七時までとなる注籤の結果当医局は午后八時から十時迄となる」，「構内警備として軍隊構内に入る」，8 日には「本日から夜警もなくなり警備係解任せらる（夕刻）」というような記述が現れる．流言飛語に基づく警備隊（自警団）の活動は大学全体としても，このころ，収束したと考えられる．

ちなみに（六日）の日付がある「暴利取締及び流言浮説取締緊急勅令」の記述が 9 月 7 日に出ているが，これは 9 月 7 日に発布された「大正 12 年勅令第 403 号（治安維持ノ爲ニスル罰則ニ關スル件）」のことと考えられる．この勅令は，「出版，通信其ノ他何等ノ方法ヲ以テスルヲ問ハス暴行，騷擾其ノ他生命，身體若ハ財産ニ危害ヲ及ホスヘキ犯罪ヲ煽動シ，安寧秩序ヲ紊亂スルノ目的ヲ以テ治安ヲ害スル事項ヲ流布シ又ハ人心ヲ惑亂スルノ目的ヲ以テ流言浮説ヲ爲シタル者ハ十年 以下ノ懲役若ハ禁錮又ハ三千圓以下ノ罰金ニ處ス」という内容であり，いわゆる「治安維持令」と呼ばれるものである．流言浮説をなしたる者への罰則を定めた法令であるわけだが，当直日誌がこれを（六日）と記しているのは，誤記と思われる（当直日誌自体は7日に書かれているので，時間的順序に矛盾があるわけではない）．

9.5　塩田広重，空白の4日間

なお，第二外科の医局スタッフ自身も被災している．9月2日の当直日誌には，医学部関係者の被災状況が書かれている．教授陣では「三浦教授，近藤教授，入澤教授，磐瀬教授，佐藤名誉教授，田代教授」が罹災したと記されている．また塩田外科でも3日には「佐藤，大出（,）大塚（,）齋藤正，高橋，木村学士のお宅類焼す」との記載がある．さらに帰省中の看護婦長岡あきのが安否不明になったという記述もある[5]．医局内の被災者情報に関しては，震災も一段落した10月19日，「朝教授（筆者注：塩田）本教室の類焼者五名（大塚，大出，髙橋正，佐藤，高橋）へ御見舞として二百金を下さ」れるという記載もある．このように医学部の教授，医局員，看護員も被災者となっていることが確認できる．

それでは大地震発生以降の数日間，震災復興サイクルの超急性期というべき時期に，主任教授である塩田広重は何をしていたのであろうか．当直日誌には，まったく記録がない．地震発生の9月1日は土曜日であり，週末をはさんだとしても，9月3日の月曜日には医局に顔をみせても不思議ではない．

しかし塩田の記述が初めて現れるのは9月5日，『当直日誌』には「教授一寸来院」と記されているが，これは「空白の4日間」と呼んでよいような事態である．さらに6日になると，「夕刻教授来り自家用の為教場のコードを持つて直に御帰宅なさる．ナァンのこった」，「も少し病院のためにはたらいては如何⁉」と記されている．やっと医局に顔を見せたと思ったら，自家用のために電源コードを持って帰ってしまったというわけであり，塩田に対する不満を隠せない医局員の本音がぶちまけられている．『当直日誌』が

5　ただし，この長岡という看護師は9月7日には出勤している．

「親爺には絶対極秘の文書」とされる所以であろう．

ところが9月7日以降，塩田の働きは目覚ましくなってくる．7日には「病院事務室にて主任会議あり教授一寸 罹災負傷入院者の病歴も簡単乍ら普通病歴用紙に認めよと仰有る」とある．罹災で負傷した患者の病歴を取るようにとの，初めての指示が出たわけである．8日，「塩田教授（外科救療部委員長）昨日来めざましく御活動」，13日，「朝の繃帯交換に教授手伝ふ」などの記述とともに，同日の「午後皇后陛下より本院収容の傷病者御見舞の勅使を差遣さる」という．皇后陛下からの傷病者見舞いの勅使が来るというあたりの事情が，のちに重要になってくる．

これ以降，教授は日中，医局員と昼食をともにするようになる．『当直日誌』にも14日，「教授醫局で中食を共にせらる」，15日，「教授『豚肉でも買い給へ』とて金三十円御寄付．今日も亦醫局で中食を共にせらる」と気前が良くなり，16日，「教授，立松氏中食を共にせらる」，17日，「教授中食本日も醫局で召上る」というように，毎日誰かと昼食をともにするようになる．

9.6 皇族行啓への対応

9月中旬になって，やおら活動が活発になった塩田広重であるが，その背景には，皇族や皇后からの慰問・訪問への対応があったのではないかと推察される．18日，「午前八時三十分梨本宮両殿下罹災傷病者御慰問のため本学附属醫院へ御光臨，第一に我塩田外科，近藤委員長御先導にて塩田教授と共に御説明申上げる．土肥，稲田，栗山その他の教授，助教授これに従ふ．これより先醫員一同両殿下に近藤院長によって紹介せらる．看護婦は病室に整列した．（因に梨本宮殿下は皇族御総代として御出になったのだ）」との記載があり，皇族を代表して慰問に訪れた梨本宮への対応に，外科の医局員全体で従事していたことがうかがえる．

9月19日ころから，塩田が患者の病歴をくわしく聴いて回るようになる．「教授午后病室に趣き罹災患者の中特に哀れな人達の身の上についてくわしく聴いて廻った．」，29日，「教授病歴整理に御勉励，提出を遅れたる諸君槍玉に上げられ冷汗をかく」とあるほどで，第二外科全体で病歴，つまりカルテの整理を熱心に行っていたことがわかる[6].

それにしてもこれはなぜなのか．10月1日の記載がその答えであるように思われる．「明日皇后陛下行啓につき教授罹災クランケの身の上話をきゝ直すやら諸大家がクランケの枕下にある木札に病名，罹災場所などを書くやらで多忙なり」とある．さらに10月2日，「午後二時皇后陛下罹災傷病者御慰問のため行啓．第一に我塩田外科．救援御下問に奉答す．右終って教授曰く「君等が何所に居たかチットモわからなかったよ云々」」と述べている．塩田が行啓時の極度の緊張から解かれ，ホッとしている様子がまざまざと浮かんでくる．

このようにみてみると，大地震発生から2-3週間たったところで，皇族方の見舞いや行啓が行われ，塩田広重は医学部を代表する形で，個々の患者の病歴について説明しなければならない立場にあり，その準備として個々の患者の病歴をくわしく聞き取っていたと推察される．実際，外科的な傷病を負っている患者に対して，どこでどうして傷を負ったのかとか，その人の経歴やキャリアについてかなりくわしく尋ねている．外傷を専門とする外科としては，これは異例の事態といってよいだろう．結局のところこれは，10月2日の皇后陛下（貞明皇后，節子）の慰問や質問に塩田が直接応対するために，第二外科全体で取り組んだ結果と考えられる．

9.7　急性期からの回復

ここまで当直日誌の記述を，くわしくみてきた．大地震の発生後，約3週間を経過して以降，急性期からの回復のプロセスに入っていく．このことがはっきり確認できるのは，手術の数である．図9.4のグラフは，当直日誌の記載から，第二外科の手術数をグラフにしたものである．9月1日に手術が2件行われたが，大地震発生直後からストップしていた．その間，水道が通じなかったり，電燈がつかなかったりしているが，食事を3食食べられるようになるのが9月9日，レントゲン検査や風呂が復活するのが11日，実際

6　カルテの病歴の詳細さについては，鈴木 晃（2022）が指摘している．

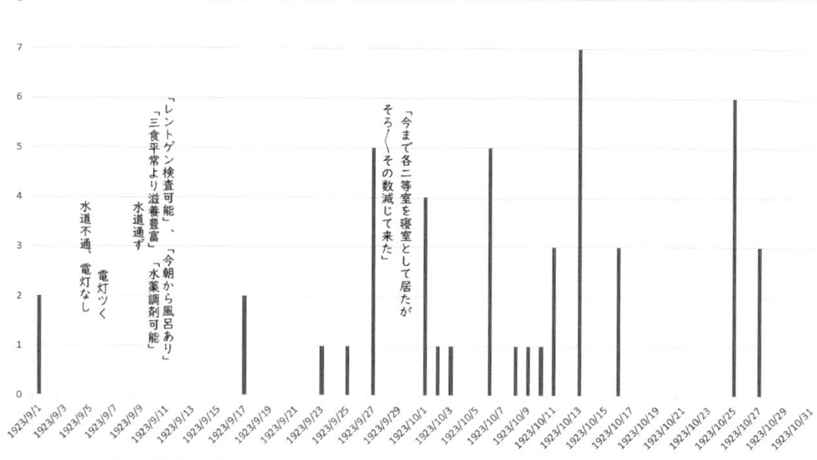

図 9.4　第二外科の手術数とインフラの復旧（1923 年 9 月 1 日～10 月 31 日，筆者作成）

に手術が再開するのは 17 日である．その後は定期的に手術が行われるようになり，10 月以降は外科としての業務が通常化する．

まず大地震の発生以降，水道は不通となり，電灯もつかない．電灯がついたのが 9 月 5 日，水道がちょっとだけ通じて「始めて顔を洗ふ」ことができたのが翌 6 日だが，「水道直ちにとまる」．7 日以降は，水道が通じたようである．食事が「三食平常より滋養豊富」，「水薬調剤可能」となったのが 9 月 10 日，翌 11 日には「今朝から風呂あり十一日間奮闘の垢をおとす」と入浴が可能になり，「市内電車そろ〳〵動く」と電車も復旧し始める．医局員の衣食住ならびに社会インフラが徐々に回復してくる．

9 月 1 日 11 時 58 分に手術が中断して以降，初めて手術が再開したのが 9 月 17 日である．この日の当直日誌には，「臨時手術午後四時半から（準備室に於て）（中略）地震後第一回の手術なり，「メートルだ（飲酒して気炎を上げる，の意）」と叫ぶものあり」という記載がある．医局員にとっても念願の手術再開だったと考えられる．

9 月 18 日以降は，罹災クランケや医局員もチフスに院内感染するなど，かなり困難な時期を迎えるが，皇族の行啓が終了した 10 月 2 日，まさにその日に外科診療が再開される．偶然の一致だろうか．また 10 月 10 日には，

写真 9.1　塩田広重の包帯術（右，1911（明治 44）年）と臨床講義（左，1918（大正 7）年）（東京大学医学部・医学部附属病院創立 150 周年記念アルバム編集委員会，2015）

「午前教授来院略式総廻診あり」，教授の総回診が再開される．テレビドラマ『白い巨塔』にも描かれているように，教授の総回診は外科の日常的実践との極みと呼べるものであり，総回診の再開まで 40 日かかっていることになる．

さらに 10 月 15 日，「醫学部授業開始」，18 日には「震災後第一回の総廻診十時半　一ノ側から」，19 日には「教授の外来患者臨床講義始まる」という記載がある．このように，大地震発生後，1 カ月半経過して，ようやく授業と臨床講義が再開されるようになっていくことがわかる．ちなみにこの臨床講義の様子は，『医学部百五十年史』に残されている（写真 9.1）．左の写真は，1918（大正 7）年に塩田が行った臨床講義であり，立っているのが塩田広重．右の写真は 1911（明治 44）年のものであり，手技を行っているのが塩田である．

10 月 20 日，「震災後初めての臨床講義午后○時半から」行われる．「右初まるに先生方教授から今回の震災で不幸罹災されたる人に弔意を表し尚今后他大学に劣らぬ決心で御互に勉強したいといふ意味の訓辞があった．右のクリニクの后でギプス繃帯六名殆んど皆教授の御手で行はれた．教授御機嫌概してよし」と記載される．塩田第二外科をアカデミックに再興したいという決意とともに，包帯術を行う塩田にも，医師本来の輝きが取り戻されているように感じられる．当直日誌を書いた人物（この日は「坂井」）もそれを敏感に感じ取ったのであろう．28 日には，「諸君の出勤例によって少なし 院内極めて無事なり」と，大地震の厄災が過ぎ去ったあとの，ひとときの平穏さすら感じられるようになる．

今回分析対象とした最終日の10月31日，「本日退院メートルその他三名何れも菓子．即醫局諸君不平をならしながらムシャムシャ食ふ．近頃アルコホル含有物皆無なるを慨し「当直夜廻診の際顔を赤くあたゝかにしてまわり以てデモンストラチオンをしやう」といふ説が出た」という記載がある．菓子を食べたり，アルコールを飲んだり，「デモンストラチオン」という医学部特有の風習を和気藹々と楽しんでいるようにみえる．当直日誌の記述も，柔らかで，落ち着いたものに変化している．大地震発生から約2カ月を要し，災害復興の「慢性期」に入ったところで，第二外科も日常性を回復していったとみてよい．

9.8　知見と課題

最後に，本論文で発見したことを確認する．

第一に，大地震発生直後の超急性期において，後年助教授となった都築正男を中心として，塩田外科に勤務する医局員や看護師が奮闘しているさまが，生き生きと伝わってくる．再現ドラマや小説にしても十分成り立つのではないかと思えるほどの迫真性がある．しかも医局員の奮闘と，「空白の4日間」を過ごした主任教授・塩田広重の不在とは好対照をなしている．

第二に，この当直日誌は，東大医学部における流言飛語と自警団の活動を記した貴重な史料と位置づけられる．関東大震災時の流言飛語の研究は多岐にわたり，流言飛語がいかに伝播していったかという研究がなされているが，その一端を示す貴重な史料といえる．

第三に，入院患者に対する細やかな病歴の聞き取りは，皇族の行啓への対応の一環だったと考えることができる．皇族の行啓は，一面からみれば，現場における治療の進行を遅滞させかねないイベントであったかもしれない．しかし，そのような事情が存在したことで，緊急時の外科医療としてはありえないほど，詳細な病歴や生活史が残され，後世を生きる私たちに分析可能となったことも事実である．皇族という「権威」や，医療者という「権力」

が現場にもたらす効果にもさまざまなものがありうる，との思いを強くする．

第四に，震災後のインフラの回復に10-14日，手術再開に16日かかっている．さらに大地震発生から1カ月以上経過して，外科診療，総回診，授業，臨床講義などが再開されている．外科としての日常性を回復するのに約2カ月を要したといえる．災害復興サイクルの「慢性期」に入ったと考えられ，当直日誌の記述のトーンも柔らかで，平穏なものに変わっていった．

第五に，今後の課題である．本章で引用した『当直日誌』の記載は，ほんの一部にとどまる．これ以外にも，医学部内の組織体制の変化，人事異動，食糧事情，手術の内容・担当・予後など豊富な情報が記載されている．また病院外でのできごととの関連，たとえば山本権兵衛の新内閣誕生，さらには震災・復興対策についても記載があるが，これについてはその他の客観的資料との突き合わせが，今後の課題となるだろう．今後，『当直日誌』を活かしたより詳細な研究が望まれる．また，これを素材として小説やテレビドラマ化することも，この記録を震災の「記憶」として今後に活かすひとつの方法であるだろう．

文献

塩田広重（1963）『メスと鋏』桃源社．

鈴木晃仁（2022）関東大震災の外科カルテ：患者と医師とドイツ語カルテ．「関東大震災と東大医学部第二外科―東京大学ヒューマニティーズセンターオープンセミナー第57回より」，Humanities Center Booklet, 17，14-26, 東京大学連携研究機構ヒューマニティーズセンター．

鈴木 淳（2004）『関東大震災』筑摩書房．

鈴木 淳（2022）震災負傷者救護の展開と東京帝国大学附属病院の役割．「関東大震災と東大医学部第二外科―東京大学ヒューマニティーズセンターオープンセミナー第57回より」，Humanities Center Booklet, 17，3-13, 東京大学連携研究機構ヒューマニティーズセンター．

東京大学医学部創立百年記念会・東京大学医学部百年史編集委員会編（1967）『東京大学医学部　百年史』東京大学医学部創立百年記念会．

東京大学医学部・医学部附属病院創立150周年記念アルバム編集委員会（2015）『医学生とその時代 増補改訂版』中央公論新社．

浜田信生ほか（2001）1923年関東地震の余震活動の総合的調査．地震，54(2)，251-265.

10　関東大震災の医療日誌
――患者と東大第二外科

鈴木晃仁

10.1　はじめに

2012年に出版された『日本歴史災害事典』は，その緒言において，「災害は自然現象と社会現象の双方の側面を持つ」と宣言し，理学・工学の研究者と，人文学・社会科学の研究者の双方が貢献してきた．理系と文系の双方の学問が，大災害や大震災を取り上げて，学術的な分析が大きく進展してきた．関東大震災や東日本大震災の研究においても，理学・工学と，人文社会系の学問の双方が貢献してきたことは言うまでもない（北原ほか，2012；北原，2023）．

これと並行して，医学や医療が，災害や震災においてどんな振舞いをするかという大きな問題においても，理系と文系の共存が始まっている．医学系の学問と人文社会系の学問の双方から，大災害・大震災が明らかにされている．本書の元となった関東大震災100周年に関する講演会でも，人文社会系の講師が4人参加して，歴史，社会学，医学史の視点から分析をしている．

本章は，医学史の視点で関東大震災を取り上げ，医師と患者の関係を理解する視点を使うことを目標とする．とくに検討するのは，病床日誌やカルテと呼ばれる文書である（Anderson, 2013; Hess, 2018; Hess & Mendelsohn, 2010）．病床日誌は，患者による疾病についての情報提供と，医師による診断と治療，患者の対応，医師と患者の対話，医師による暴力，患者による暴力などが記録されている，非常に豊かな史料である．関東大震災の病床日誌の全体像はまだ把握されていないが，東京大学医学部の旧第二外科の各科が協力して病床日誌を保存して整理された形になっている[1]．東京大学医学部医療情報学分野の教授であり，同時に「健康と医学の博物館」の館長である大江和彦教授より，文学部の教員5名と大学院生が関東大震災の史料を閲覧することを許していただいた．

この小論では，まず大震災や大災害と医学史という背景を簡単に説明し，次に1923年に東京帝国大学の病院の第二外科が治療した52人の患者を概観し，最後にそのなかから患者と医師の両方が登場する2件の外科手術を分析する．紙幅の関係で52人の患者の全体像は提示できないが，東大が行った本格的な外科手術は最も大規模な医療行為であり，それは多くのことを伝えてくれる．結論では，関東大震災が持った歴史的な意味と国際的な意味の双方に触れたい．

10.2　大災害・大震災と医療の歴史

大地震や大火災には，自然環境と人工環境の双方が大きな影響を与えてきた．地質学・地理学・気象学などは大きな自然環境に注目してきたし，都市学・建築学や社会科学などは人工環境を分析してきた．傷病を負った人々や死亡した人々へのさまざまな対応も，長く複雑な歴史を持つ．傷病は患者と医療とそれを支える構造が重要であるし，死亡に関しては宗教と医学が異なる視点から重要である．たとえば倒壊や焼失が起きた家屋や建物，教会や寺院などに関しては，建築学，土木行政学，宗教学，経済学などが対応する．

大震災の死者や傷害者は，主に3つの要因である建築物の崩壊，津波，火災が重なって発生する．たとえば，1755年のリスボン大地震では，建築物の崩壊，津波，火災の三者が重なって発生した．その理由は，大西洋の地形によって津波が発生してイベリア半島に襲いかかったという自然的な事項と，地震の最初の波がリスボンに到達した11月1日土曜日の朝の9時半は，キリスト教の万聖節を祝う儀式が行われており，多くのリスボン市民が教会に参列したため，崩壊した建築物の下敷きになったという人工的な事項が絡み

1　9章で赤川 学教授が利用した史料は，「当直日誌」と呼ばれるもので，同じ時期に作成されたが，本章で扱う病床日誌とは別の文書である．

合って発生している（Shrady, 2009）．あるいは，1855年の11月11日に起きた安政江戸地震では，人口稠密な江戸における死者数は1万人前後であり，比較的少なかったと考えられているが，この理由は，津波が起きなかったこと，地震が襲ったのが夜10時ごろであり火災による被害が小さかったことという自然的な事項と，江戸を開発する社会経済的な事情が，脆弱な長屋が多い深川などの湿地を持つ隅田川の東側と，町人の家の被害が比較的小さい日本橋などの西側によって異なったという人工的な事項が作り出している（野口，2004）．1896年6月15日の夕刻に明治三陸地震津波で2万人を超える大規模な死者が出たのは，巨大な津波と旧暦の端午の節句の時期であり村人の多くが外出していたことを考えると，大震災による被害の程度は，自然と人工の双方が絡み合って成立してくることを教えてくれる．

この大災害・大震災に対応するひとつの手段として，医学や医療が重要であったことも明らかにされている．ヨーロッパではキリスト教とその組織の影響を受けて，医療が社会の深い部分で機能を果たしており，1666年のロンドン大火災においては教会と医療が結びついて大きな貢献がされたし，それと同時に，イギリス革命期に流行した魔術的・錬金術的な治療も流行した[2]．あるいは，江戸〜東京は，17世紀から頻繁な大火災に悩まされ，ヨーロッパはもちろん国内の京都や大阪の大都市に比べても広範囲に及ぶ大火災をたびたび経験してきた（Bankoff *et al*., 2012）．そのような大火災の経験に基づいて，傷病者にさまざまな救助が与えられ，金銭，米，粥，握り飯，香の物，野菜が配られ，数百人を収容できる救助のための小屋が与えられた．それと同じ流れで，震災者に医療を与えることも一般的であった．1829（文政12）年の大火において，国学者の川崎重恭（1798-1832）が記した『春の紅葉』では，70件の寄進のうち10件は薬を寄付することであり，実母散や奇応丸などの漢方医学の薬品が寄進されていたことが伝えられている（山本，1995）．

このような初期近代的な大災害や大震災に対する医療の対応が大きく変容

2　Great Fire of London 350: Discover the role of medicine, charms and quack cures. Disponível em: https://www.historyanswers.co.uk/medieval-renaissance/great-fire-of-london-350-discover-the-role-of-medicine-charms-and-quack-cures/

して，近代的なものになったのが，日本においては，19 世紀末の濃尾地震における新しい形の対応である（Clancey, 2006）．濃尾地震とともに，西洋文化と西洋科学が現れると同時に，日本各地の国民が岐阜県・愛知県の被災者に義捐を行うということが導入された．西洋科学の新しい視点と初期近代の方法の拡大という新しい文化が導入された．

濃尾地震は 1891 年 10 月 28 日 6 時 38 分に起きた．マグニチュードは 8.0，日本の陸部の地震としては最大のものであった．死者は岐阜県や愛知県などで合計 7273 人，全壊の家屋が 14 万 2177 軒，山崩れが 1 万 224 カ所という甚大なものであった．これに対する日本の対応は，西洋科学が作り上げたものであり，とくに地震学の緻密な観察や測定が含まれたものであった．また，岐阜・愛知だけでなく本州の各地から数多くのデータの観察・収集・保存が行われていた．それと同時に，国家，天皇家，全国区の民間企業や仏教の組織，全国メディアとしての新聞からの義捐や救援が現れた．これらにより，災害に迅速に対応し，救援を組織し，多くの国民が義捐することが一般的になった．科学的であり，全国行政であり，国民的である対応となった．

これと並行して，被災地に対する新しい医療のパターンが形成された．そこに現れたのは，国家や軍や医学界が，洗練された西洋医学の医師と，新しい看護教育を受けた看護婦からなる医療チームを形成して，それらを送り込むという新しい医療である．帝国医科大学の教授，学生，陸軍の軍医，日本赤十字の医員と看護婦も送り込まれ，その様子が全国紙で報道されるようになった．日本赤十字の医療チームを例にとると，日本赤十字の会長で重要な政治家である佐野常民（1823-1902）が中心となり，当時はエリート官僚であった愛知県知事と岐阜県知事と連絡を取り，皇后から内旨をもらった．それとともに，複数の医師・看護婦が愛知と岐阜の震災地に行き，10 月 31 日から作業が始まり，名古屋や京都の日本赤十字の支社からも医師などの参加を仰ぎ，仮病院や出張所で医療と介護が行われた．この新しい医療のパターンは，災害地や震災地を全国的なネットワークにつなぎ，西洋の医学と看護の教育の産物が流れ込むというものであった．新聞などで被災地の惨状を知った国民が漢方薬の薬を送るということも盛んになったが，医療チームを形成して送り込むことができる社会が形成されたことは非常に重要であった（吉川，2018）.

濃尾地震のあとは，災害地や震災地にこのような新しい医療チームを送ることが一般的となる．先ほど言及した1896年の明治三陸地震津波には，日本赤十字の宮城県支部，軍の第二師団，東北帝国大学医学部の前身となる第二高等学校医学部の医療チームが送られたし，小規模な震災に対しては，その2カ月後に起きて209人が死亡した陸羽地震に日本赤十字の秋田支部から医師と看護婦が1人ずつ送り込まれた．このような医療チームの発展と並行して，震災の各地でのローカルな対応も存在して全国区に報道されるようになった．

10.3　52人の患者たち

関東大震災は1923年9月1日に起きたもので，10万人を超える死者を出し，日本の歴史のなかで巨大な地震であった（鈴木，2016）．被害は東京府と神奈川県が中心である．東京帝国大学の医学部の各診療科も地元での医療に参加したことは確実であるが，東大全体と医学部の建物や資材が大きな火災と損害を受けたという事情，各診療科の病床日誌の多くがまだ眠った状態にあるという事情，あるいは廃棄されたという事情もあって，東大医学部全体の対応はいまだに不明である．しかし，旧第二外科は史料に関して傑出した水準を示し，関東大震災を含め多くの史料を保存してきた．9章の「当直日誌」には9月1日からの記録があるが，診療が始まったのは9月10日である．東大病院自体が受けた被害から立ち直るのにかかった時間であろう．それから残された病床日誌は52人分である．52人の患者の一覧表は次の表10.1に掲げた．実名は伏せて，丁寧に記述したい患者には仮名をつけた．

まず男女比については男性27人，女性25人で，ほとんど変わらない．対象疾患としては，火傷と骨折と打撲がそれぞれ17件，15件，14件で，合計で46件をしめ，盲腸が2件，刺傷が1件，破傷風が1件，暴行が1件，不明が1件である．これは外科であるという事情と，震災直後から10日ほどたっており，東大の外科に入院する以前に診療所や各地から派遣された医療チームが送り込んできた症例であるという特徴を持っている．

表 10.1 関東大震災後に東大第二外科に入院していた患者 52 人の一覧表

番号	仮名	性別	年齢	職業	入院日付 (1923年)	退院日付 (1923年)	在院日数	当時の住所の地名			
1	**鈴木三郎**	**男**	**21**	**かざり屋**	**9/10**	**11/3**	**54**	**東京**	**本所区**	**三笠町**	**改善して退院**
2		男	56	空瓶	9/10	9/11	1	千葉	東葛飾郡	布佐町	死亡
3		男	37	巡査	9/10	9/12	2	東京	本所区	相生町	改善
4		男	15	洋服店勤務	9/10	9/23	13	東京	本所区	吉田町	原状に回復
5		女	42	無	9/10	9/11	1	東京	本所区	外手町	改善
6		女	35	硝子職	9/10	9/20	10	東京	本所区	林町	改善
7		女	19	女工	9/10	9/12	2	東京	本所区	太平町	精神科に転科してすぐ死亡
8		女	52	女髪結	9/10	9/17	7	東京	本所区	若宮町	改善
9		女	30		9/10	9/18	8	東京	本所区	横川町	腸チフスゆえ伝染病科に転科
10		女	56	硝子ペン	9/10	10/26	46	東京	本所区	太平町	死亡
11		女	16	古着商	9/10	10/4	24	東京	本所区	亀沢町	全快
12		女	48	会社員の妻	9/10	10/3	23	東京	本所区	長岡町	全快
13		女	12	無	9/10	10/9	29	東京	本所区	太平町	小児科に転科
14		女	28	農業	9/10	10/27	47	東京	南葛飾郡	吾嬬町	腸チフスゆえに伝染病科に転科
15		男	7	無	9/11	10/20	39	東京	深川区	西町	改善
16		男	63		9/11	9/24	13	東京	本郷区	湯島三組町	治癒
17		男	67	機械屋	9/11	10/21	40	東京	深川区	石島町	改善
18		男	67		9/11	9/18	7	東京	深川区	元町	入沢内科に転科する
19		男	59		9/11	10/8	27	東京	深川区	洲崎弁天町	退出する
20		男	78		9/11	10/18	37	東京	深川区	石島町	改善・麻布の日赤に転院する
21		男	65		9/11	10/8	27	東京	浅草区	田中町	改善
22		男	44		9/11	10/12	31	東京	北豊島郡	南千住	改善
23		男	52	人夫	9/11	9/19	8	東京	北豊島郡	北千住	改善
24		男	38		9/11	10/26	45	東京			改善・麻布の日赤に転院する
25		男	12	小学生	9/11	9/18	7	東京	本所区	亀沢町	改善
26		女	37	金物商	9/11	10/3	22	東京	深川区	石島町	改善
27		女	40	無	9/11	10/4	23	東京	神田区	三崎町	改善
28		女	44	雑貨商	9/11	10/26	45	東京	下谷区	坂町	改善
29		女	46	ナシ	9/11	10/4	23	東京	深川区	西平井町	改善
30		女	56	農業	9/11	10/26	45	東京	北豊島郡	北千住	改善・右足の下部を切断
31		女	37	日雇	9/11	10/3	22	東京	深川区	石島町	全快（本人の希望）
32		女	57	扇屋	9/11	9/18	7	東京	本所区	緑町	改善

番号	仮名	性別	年齢	職業	入院日付 (1923年)	退院日付 (1923年)	在院日数	当時の住所の地名			
33		女	75	無	9/11	9/18	7	東京	浅草区	田中町	全快
34		男	23	按摩	9/11	9/15	4	東京	本所区	菊川町	腸チフスゆえに伝染病科に転科
35		男	52	酒屋	9/12	10/3	21	東京	下谷区	二長町	改善
36		女	38	主婦	9/16	10/4	18	東京	下谷区	龍泉寺町	改善
37		男	21	建築清水組	9/17	9/24	7	東京	北豊島郡	巣鴨町上駒込	改善
38		男	74	煙草雑貨業	9/21	10/4	13	東京	京橋区	本湊町	部分的に改善する
39		女	29		9/22	9/25	3	神奈川	小田原市	北條八幡	本人の希望により自宅で休むために退院
40	**佐藤 清**	**男**	**19**	**学生**	**9/23**	**12/1**	**69**	**東京**	**本所区**	**横網**	**改善したが悪い個所があり退院**
41		男	73		9/23	10/8	15	東京	北豊島郡	王子町	本人の希望により退院
42		女	17	染物商	9/26	10/25	29	東京	本所区	向山請地町	改善
43		女	35	鉄刀職	9/26	12/11	76	東京	本所区	長岡町	改善
44		女	72	無	9/26	10/8	12	東京	本所区	外手町	改善
45		女	55	建具職	9/26	10/6	10	東京	本所区	中之郷業平町	改善
46		男	62	切花商	9/26	10/5	9	東京		向島	家の都合で退院する
47		男	31		9/26	10/9	13	東京			改善
48		男	19	メリヤス	9/26	10/5	9	東京	本所区	中之郷横川町	改善
49		男	33	飾職	9/26	10/5	9	東京	本所区	石原町	
50		男	29	自転車製造工	9/25	9/30	5	東京	深川区	木場町	破傷風
51		女	19	無（倉庫）	9/27	12/2	66	東京	本所区	相生町	改善
52		男	29	左官	9/27	11/5	39	東京	下谷区	金杉町	麻布の日赤へ転送

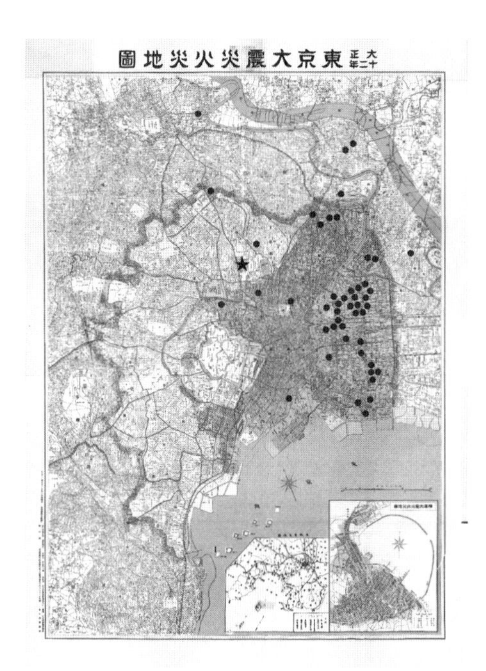

図 10.1　第二外科に入院していた患者の住所の分布（東京大学学際情報学府の大学院生であった小田泰成氏に大震災の火災地図上へ患者の住所をプロットしていただいた）．星印は東大の位置．

患者の住居を地図で表すと次のようになり，本所区が 23 人，深川区が 9 人と，隅田川の東側に集中している（図 10.1）．東大に比較的近いが，関東大震災の特別大規模な被害が本所区と深川区で起きていることが大きい．

年齢については，10 歳未満は 1 人，10 歳台が 9 人，20 歳台が 7 人，30 歳台が 10 人，40 歳台が 6 人，50 歳台が 9 人，60 歳台が 5 人，70 歳台が 5 人である．数としては多い乳幼児は別の診療科に行っているのではないか，また高齢者がかなり多いのは，高齢者を優先する社会の表現なのかもしれない．

このような全体像の分析と同時に，それぞれの患者が，それぞれの悲劇と幸運を織り込んだ経験を医師に語ることもできたことは重要である．家の倒壊，凄まじい大火災，被服廠跡の地獄のような様子，急速に増えていく死体，それらを生き延びた自分に関する呆然さ，家族の間の愛情，周囲の人たちが助けてくれたこと．これらは，多くの患者たちが現実に経験したことであり，医師に物語っていることである．紙幅の関係で，2つ選んで提示する．

ひとつは，72歳の女性（表10.1の44番）で，孫と嫁と一緒に避難したが，被服廠跡付近で火傷を負い，歩けなくなった．そのため，孫と嫁だけが小石川に避難したものの，自分は被服廠跡に戻った．周囲の人々がお弁当の残りを与えてくれた．火傷と2日間の食料の不足を経て，9月4日に付近の牛島小学校の避難所に移動することができたという物語である．家族を送り出す勇気と周囲の人々の好意を織り込んでいる．

もうひとつは，朝鮮人と誤解されて日本人男性に殴り殺されそうになった23歳の按摩の事例（表10.1の34番）である．記録はこのようになっている．

9月1日　地震火災ではまず無事．
9月2日　往来歩行避難中生来暇もなく，三名の男より太き棍棒を以て頭部及び腹部を乱打さる．その際知人が通り辛じて一命を助けらる．砂町の救護班収容せらる．
9月11日　砂町より aufnehmen［入院］さる．

彼はもともと吃音であり，それと関係があって按摩をしていた．一部の興奮した市民たちが朝鮮人を殴り殺そうとしたのと同様暴行の対象となった．72歳の女性が語る家族と周囲の人々の好意と，23歳の按摩が語った東京の市民の朝鮮人への暴行は，いずれも存在したということを知らなければならない．

10.4　医師たちと2件の外科手術

前節では患者たちが東大第二外科に入院する以前を論じてきた．そこでは医師との関係は薄い．一方で，入院の後は，東大第二外科の医師と患者の関係が形成される．どのような関係であったのかを分析しよう．そのために，2つの大規模な外科手術が行われた事例を取り上げて，この時期の東大第二外科の医療の様子を検討する．ことに，麻酔を用いた外科手術を取り上げる．最初の患者は「佐藤 清」（表10.1の40番），2番目の患者は「鈴木三郎」（表10.1の1番）という仮名を用いる（図10.2）．

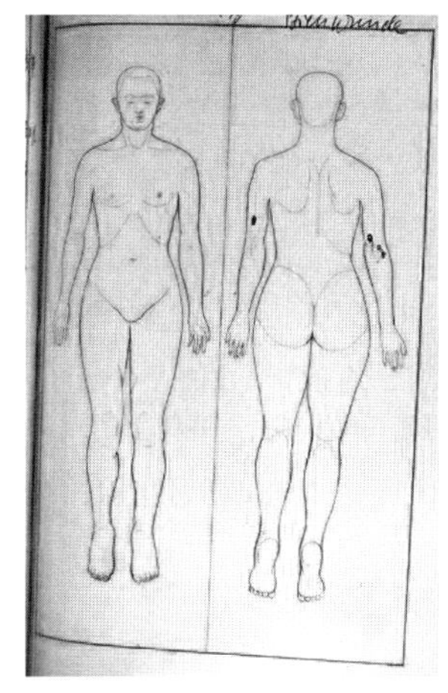
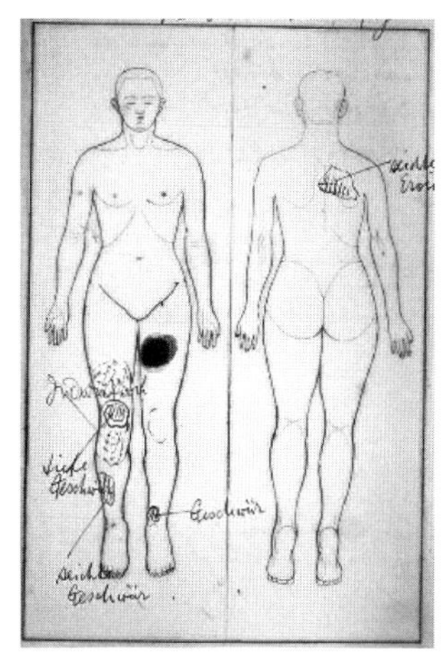

図 10.2　番号 40 の佐藤 清（仮名・左側）と番号 1 の鈴木三郎（仮名・右側）の全身傷害図

佐藤 清は 19 歳，職業は学生，住所は本所区横網町．本所区は約 5 万人の死者を出し，東京で死者数が最も多かった地域である，また，彼が午後に避難していた被服廠跡は，約 4 万人の死者を出した中核地である．彼の病床日誌は次のようなものである．（文中のドイツ語には［　］して和訳を付した．）

Beginn u[nd]. Verlauf des jetzigen Leidens.［現在の疾病の始まりと経過］

1/Ⅸ　自宅ニ於テ一人留守居ス．父ハ旅行中母及従弟一人ハ外出中ナリ．ソノ時地震来ル．家屋ハ崩壊セズ，又体モ無事ナリシガ自宅ガ被服廠跡ノスグ隣リナリシヲ以テ被服廠跡ニ避難ス．ソコニ於テ母及従弟ト一緒ニナル．マモナク火災来リ四時半（午后）頃ニイタリテハ旋風起リ黒煙ノタメ黒暗々トナリテ家人ヲ見失フ．以后ハ夢中ニ同所中をニゲマワル．

2/Ⅸ　午前二時頃ヤウヤク氣付ク．Kranke［患者］ハ早ク避難セシタメ被服廠跡ノ中央部ニユクヲ得タルタメ死ヲ免レタリト angeben［話］ス．氣付キテ甚シキ Durst［喉の渇き］ヲ感ジタルタメ隣レル安田邸池へ水ヲノミニユク．コノトキニハ体ハ一帯ニイタカリシガ始メテ Wunde［傷］アリテ血流ルルヲ merken［気が付く］ス．思フニ被服廠跡ニテ夢中ニテ逃ゲアワレルウケタルモノナルベシト自ラ angeben［話］ス．水ヲ呑ミシアト午前四時頃マデハ unbeweglich［動けない状態］ニテタホレテイタルモ四時頃ヨリ起キテ再ビ被服廠跡ニイタリ母及ビ一時間半ホド従弟ヲ捜シタルモ見ツカラズ．近所ノ家ノ小僧ノ gesund［健康］ニテ生キテ居ルノニ遭ヒ扶ケラレテ近所ノ川ニユク．ソコニテマタ友人ニ遭ヒ友人ニ扶ケラレテ友人ノ知己ナル浅草ノ地方橋場町，某家ニ避難ス．二日午后四時頃ナリ．同家ニテ賣薬ニテ Wunde［傷］，Behandelung［治療］ヲシナガラ七日迄居タリ．

4/Ⅸ　（旅行中ナリシ）父親同家ニタズネ来リテ會フ．然シ母親及従弟ハ依然トシテ行衛不明ナリ．

7/Ⅸ　同家ヲ辞シテ府下目白下落合府管住宅二号地ナル林氏宅ニ立退キ近所ナル竹俣医師ノ Behandelung［治療］ヲウケテ今日ニ至ル．

これが，当時の日本の医学教育の上層部で行われた，日本語とドイツ語の双方を用いる独特の文体である．日本語の「患者」がドイツ語の Kranke，「語る」という日本語が angeben というドイツ語になる．この，日本語の文章の一部をドイツ語の単語に変換する文体は，当時の日本のエリート医学教育の分科が，ドイツの医学を吸収する方向で達成したものである．それと同時に，病床日誌の日本語の部分は，患者の佐藤が東大で語った，もともとの日本語の文章を感じさせる．医師のドイツ語と患者の日本語が，ある一定のスタイルを保ちながら，日誌に記されていることを表している．

病床日誌の次の段階では，医師たちは自分たちが観察したことを記録するようになる．従っている言語のスタイルは変わり，ほぼすべてがドイツ語の語句で表現されるようになる．すべてドイツ語の語句と短文で，患者の外傷が観察され，23 日には血清を打ち，24 日には傷口が丁寧に記述される．そこでは，医師の視覚や触覚が用いられ，その変化が病理的に何を意味するかが記される．日本語に翻訳すると次のようになる．

傷口からの排膿多からず，局所的に熱および腫脹が見られる．上腕下部 3 分の 2 がとりわけ腫脹している．上腕骨――下部 3 分の 2 が肥厚している．（骨膜炎）前腕骨も肥厚，前腕軟部上 3 分の 1 も腫脹し，熱をもち，黒く変色している．

そこから，同じくドイツ語での病状や治療が継続する．9月25日には右腕を固定する添え木が作られ，26日には右肘のレントゲン写真が撮影され，9月27日に手術が行われる．執刀は川添．麻酔はナルコーゼ（麻酔の一種），パンスコ（鎮痛剤の一種），それぞれ0.4 cc, 0.2 cc，約4センチの長さで右肘関節側の皮膚切断，筋が断裂したが，しかし膿は流れ出なかったと記述されている．

それから佐藤は順調に回復する．傷が総じて浅いものだったこともあったのではないかと推察される．膿や分泌物が多量に排出され，右肘の部分に湿布がされ，3% の塩化カルシウム溶液が20 ccほど静脈に注射される．10月7日にはゴム管とガーゼで膿を吸収させることが始まり，10月30日にはギプスが外される．12月17日の記録は「傷完全に治癒．右肘関節，直角に硬直．右手首関節の前方および後方運動いささか欠陥あり．無理に動かすと痛む．右手指動く，しかし力は弱い」とドイツ語で書かれている．傷は治癒したが，右手に障碍が残ってしまった事例である．

この佐藤 清に対して，外科手術を受けたもう1人の患者である鈴木三郎（仮名）を検討しよう．鈴木は21歳，職業はかざり屋で金属工芸の職人，住所は本所区三笠町である．夕方に彼が避難していたのはやはり本所区の被服廠跡である．鈴木が語った内容は冒頭では以下のようである．

1/Ⅸ　夕方　本所被服廠跡ニ避難中 Verbrennung［火傷］ヲウケ，材木ガ飛ンデ R. Patella［右の膝蓋骨］ノ上ニアタリ Quetschwunde［挫創］ヲ得タ，尚 r. Fersen- gegend［右踵の辺り］ニ Verbrennung［火傷］ヲ得タリ．

10/Ⅸ　本院ニ送ラル

佐藤の事例と同じように，日本語の文章で，部分的にドイツ語に訳されるスタイルである．この次に起きるドイツ語への転換も佐藤と同じである．すべてドイツ語で，外傷の状況が観察され，患者が訴える症状は簡潔に記され，簡単な治療がメモされている．右の踵周辺に硼酸軟膏，イヒチオールの塗布，

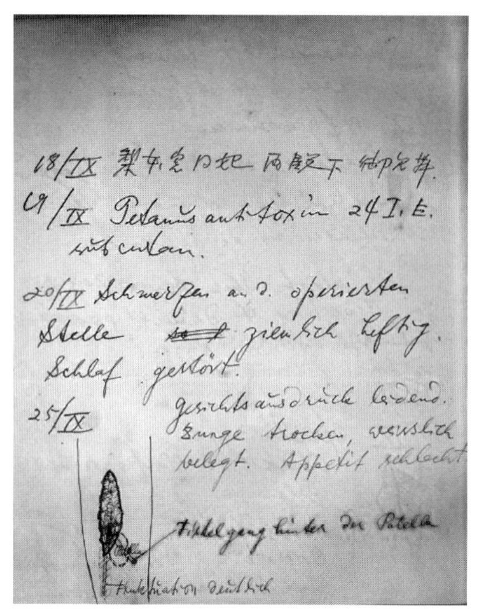
18/IX 梨本宮同妃両殿下御見舞.
19/IX Tetanus antitoxin 24 I.E. subcutan.
20/IX Schmerzen an d. operierten Stelle ziemlich heftig. Schlaf gestört.
25/IX Gesichtsausdruck leidend. Zunge trocken, weisslich belegt. Appetit schlecht.
Fistelgang hinter der Patella
Fluktuation deutlich

図 10.3 鈴木三郎の病床日誌における傷病部分の記述（ドイツ語は当時東京大学人文社会大学院のドイツ語ドイツ文学専門分野の堀弥子氏，正月瑛氏，山中愼太郎氏に訳していただいた）

右膝には湿布，圧迫感，鈴木が訴えた生じる痛みが記録されている．

9月17日に膝の上を切り取る大きな手術が行われる．麻酔剤はナルコポンとスコポラミン，ケレーンというフランスのローヌ製薬会社が作り丸善が輸入していた麻酔剤が使われる．ナルコポンは阿片アルカロイド塩酸塩で0.5 cc, スコポラミンはアルカロイドで0.2 cc. この2つの麻酔剤を組み合わせて麻酔に使うことは，1917年に東大の耳鼻科の医師が最適であると発表しており，先端的であったと考えられる．

しかし，手術後にその効果が表れず，悪化が進み始める．9月20日にはドイツ語で「手術箇所に痛みを感じ，睡眠がかなり激しく妨げられている」と記述されている．悪い状況が続くなかで，手書きのスケッチが描かれ，赤字のドイツ語でFistelgang hinter der Patellaと書かれ，膝蓋腱の裏側に瘻管（ろうかん）と呼ばれている通路ができていると判断された（図10.3）．それに基づいて9月27日に2回目の手術をした．この手術は3つの部分に分かれ，膿が排出される部分を3センチの長さで切り，関節を6センチの長さで切り，0.5% のクロラミン溶液で洗浄・消毒するものであった．クロラミンは1905年にF. D. Chattaway（1860-1944）というイギリスの化学者が創成したものである．後にウロトロピン溶液が使われるが，これは尿を排泄させるための薬品で1894年以来確立されている．

しかし，この手術もうまく行かなかった．患者の感じる痛みは頻繁に記入され，10月7日には「ガーゼ交換の際，彼は激痛を訴えて泣く」というドイツ語の記録もある．10月13日に3回目の手術が行われた．今回は右膝の上から下に移動した．「右膝下とふくらはぎへの切開」で，膝関節の後部を10センチほど切り，そこにたまっていた化膿を切り出した．3度目の手術は成功に向かい，多くの膿が排出され，患者も10月23日には「元気である」の意味の内容を告げる．この原文はwohl gefuert いうドイツ語である．10月29日には，「膿の分泌は顕著に減少．食欲亢進，通常食を追加させる」と記され，11月3日に退院する．

佐藤の記述と鈴木の記述を比べると2つの共通点がある．まず日本語とドイツ語の2つの言語が変わるパターンが共有されている．A-B-A というパターンで，冒頭の患者の話をまとめる部分では，日本語の文章にドイツ語の単語に訳される部分が入る．それに続く部分では，医者が患者の身体の傷害などを観察し，治療のための方針をたて，それに対する患者の対応を記す部分は，ほぼすべてがドイツ語である．退院の部分では日本語とドイツ語の混合にもどるというパターンが原則守られている．冒頭の部分では患者の物語の役割がかなり多く，次の部分では医師の解釈と症状の記述が圧倒的に多く，そのなかで患者が話したことは医師の記述の一部になっている．鈴木が，患者として経験している痛みを告げたり，その痛みがなくなって元気であるということを告げるのは，ほぼ間違いなく日本語であったが，それらをドイツ語に直して記入している部分は，この時期の日本のエリート医学におけるドイツ語の優勢を教えてくれる．逆に，その段階の外科医学で，患者の日本語がドイツ語に訳せない場合がある可能性は否定できない．

第二に，当時のドイツの大学医学で行われる外科手術と比べたときに，遜色ない水準が達成されていることである．麻酔や痛み止めのために使われる化学物質は，当時の日本のアイデアが採用され，また，世界で用いられている化学物質が使われている．症状の観察も詳細であり，どのようなものかが丁寧に記されている．処方された化学物質の名称や量が記録され，身体のどの部分を何センチ切ったのかということも記されている．また，それらの処方に対して症状がどのように変化したのか，特に膿や分泌物が大量に排出されたかということが記録されている．

10.5　結論

関東大震災と東大第二外科の医学・医療は，日本国内の歴史的な意味と，当時の世界の国際的な意味の2つの視点から分析することができるだろう．歴史的には，それまで江戸〜東京で起きてきた多くの大火災と大震災に対する医療は，1923年においても継続していることと，医療の質を根本から変える大きな変革を伴ったことの双方を論じることができる．江戸時代には大火災や大震災とともに幕府や地区や医師が医療を与えるという原型が成立している．1892年に起きた濃尾地震やその後の震災においても，メディアなどで知った国民から漢方医学などの薬が送られてくるというパターンは全国に広がっていった．関東大震災でも東京で日常的な薬や漢方薬を飲むということが行われていた．佐藤 清が深刻な傷害を負いながら第二外科入院前に漢方薬を飲んだことなどもそうである．また，多くの病院が患者に対して門戸を開いて収容する方針をとっていたことも事実である．52人の患者のなかでも，73歳の男性（表10.1の41番）は，千住の名倉医院で治療してもらってから東大に移動してきた．江戸時代の歴史のなかで発達した医療が，おそらく拡大しながら，関東大震災のなかで行われていた．

それとともに，関東大震災では非常に大規模な火災・震災の折の火傷や骨折の医療がなされていたこと，その一方で，その後遺症に関してのネットワークが作られていなかったことも事実である．この期間においては，大震災におそわれた東京という都市の帝国大学の医学部全体が，巨大な新しい経験を持ち，ほとんどすべての医師や医学生たちが，次々と患者が運び込まれる数週間を経験することになった．それを通じて，非常に密度が高い外科学の訓練を受けたことになる．その科学性，厳密さ，化学物質との親近性，症状の解釈に関する訓練，それらを記録することなどにおいて，質が高い教育と実践であっただろうと推察される．一方で，火傷や骨折の後遺症については，東大第二外科がそれほど関心を持たなかったことも忘れてはならない．たとえば取り上げた佐藤の事例では，右脚に後遺症が残ったが，それに関する関心は薄い．鈴木の事例では後遺症への言及すら存在しない．ほかの後遺症が残ったと考えられる事例においても言及がほとんどない．

この外科学の水準の高さと後遺症への関心の薄さを国際的に考えると，ヨーロッパ諸国が経験した第一次世界大戦の凄惨さと複雑さの状況と，それに対応した異なったタイプの医療を思い出させる．1914 年に始まった第一次世界大戦は，戦線 battlefront と銃後 home front の 2 つのタイプの医療を持っていた．前者の軍事技術の圧倒的な巨大性は歴史学者のホブズボームに「虐殺の機械」と呼ばれているもので，4 年間でドイツ側とイギリス・フランス側など両軍合わせて 1000 万人前後が死亡するという凄惨な空前絶後の状況であった（Hobsbawm, 1996）．その状況に合わせて，どちらの側の医療も，前線に送り込む医療チームを作り，新たに組織化して対応していった．そこで重傷を負った兵士が帰国すると，後遺症と障碍の問題が自国に残ることになる．ここで，医学と障碍学の結びつきができるようになる．第一次世界大戦がヨーロッパの医療と社会に与えた重要なポイントである（Swift & Wilkinson, 2019；Gerber & Shay, 2012）．

国際的にみたときに，欧米の第一次世界大戦後には鮮明にみられたが，関東大震災の折の東大第二外科にみられないのは，患者に数多く発生した障碍者と後遺症に対する関心が薄いことである．外科それ自体の高い水準はもちろん賞賛に値する．一方で，障碍に対する医療と社会の対応については，検討を始める必要があるだろう．

謝辞

この研究には，東京大学ヒューマニティーズセンター（HMC）の LUI 公募研究（2021 年 10 月～2022 年 9 月分）から「関東大震災における東大医学部外科の役割」として研究費をいただいた．東京大学の鈴木 淳，赤川 学，勝田俊輔，大宮勘一郎の諸先生，また講演時にコメントをいただいた廣川和花（専修大学），北村紗衣（武蔵大学），高林陽展（立命館大学），中尾麻伊香（広島大学）に助けていただいた．厚くお礼を申し上げる．

引用文献

北原糸子ほか（2012）『日本歴史災害事典』吉川弘文館，829p.
北原糸子（2023）『震災復興はどう引き継がれたか―関東大震災・昭和三陸津波・東日本大震災』藤原書店，506p.
鈴木 淳（2016）『関東大震災―消防・医療・ボランティアから検証する』講談社学術文庫，講談社，216p.
野口武彦（2004）『安政江戸地震』ちくま学芸文庫，筑摩書房，283p.
吉川竜子（2018）『日赤の創始者 佐野常民』歴史文化ライブラリーオンデマンド版，吉川弘文館，230p.
山本純美（1995）『江戸・東京の地震と火事』河出書房新社，216p.

Anderson, W. (2013) The Case of the Archive. *Critical Inquiry,* 39(3), 532-547.
Bankoff, G. et al. (2012) *Flammable cities: urban conflagration and the making of the modern world,* University of Wisconsin Press, 409p.
Clancey, G. K. (2006) *Earthquake nation: the cultural politics of Japanese seismicity, 1868-1930,* University of California Press, 331p.
Gerber, D. A. & Shay, J. (2012) *Disabled veterans in history,* Enl. and rev. ed., University of Michigan Press, 384p.
Hess, V. A. (2018) Paper Machine of Clinical Research in the Early Twentieth Century. *Isis,* 109(3), 473-493.
Hess, V. & Mendelsohn, J. A. (2010) Case and Series. Medical Knowledge and Paper Technology, 1600-1900. *History of Science,* 48(3-4), 287-314.
Hobsbawm, E. J. (1996) *The age of extremes: a history of the world, 1914-1991,* Vintage Books, 627p.
Shrady, N. (2009) *The last day: wrath, ruin, and reason in the great Lisbon Earthquake of 1755,* Penguin Books, 228p.
Swift, D. & Wilkinson, O. (2019) *Veterans of the First World War: ex-servicemen and ex-servicewomen in post-war Britain and Ireland,* Routledge, 208p.

11　東京帝国大学学生救護団の成り立ちと活動

鈴木 淳

11.1　最初の学生ボランティア

1995 年の阪神・淡路大震災に際してボランティア活動が盛んに行われ，災害ボランティアという名称や概念が一般化した．それ以来，学生災害ボランティアの起源として振り返られるのが，関東大震災に対応した東京帝国大学学生救護団である．これには２つの理由が考えられる．ひとつは，震災直後の彼らの活動が広く知られており，災害ボランティアの本格的な登場に際して振り返られやすかったためである．もうひとつには，彼らの活動が震災翌年に本所柳島で発足し，拠点を設けて定住した学生を中心に貧困地域での無償の教育，医療や法律相談を行った「帝大セツルメント」につながり，戦時期の弾圧による閉鎖を経て戦後に再建された学生セツルメント活動が当時から「ボランティア」とも呼ばれていた（厚生省労働局，1959：138）ことである．

彼らの活動が同時代によく知られ，参照しやすい形で書き残され，また帝大セツルメントにつながったのは，末弘厳太郎（すえひろいずたろう）と穂積重遠（ほづみしげとお）という東京帝国大学法学部の２人の若手教授によるところが大きい．しかし，当時 34 歳の末弘教授が大学に現れたのは，震災から５日後の９月６日であり，40 歳の穂積が参加したのはさらに１週間ほどのちであった．両教授は，学生たちの活動を学外に拡大するにあたり大いに尽力したが，震災直後に構内に避難してきた人々への対応にはかかわっていない．また両教授は帝大セツルメントの重要な担い手となるが，学生の担い手は必ずしも連続してはいない．帝大セツルメントは社会運動家を輩出した帝大新人会との関係が深いことが知られており（宮田，1995），学生救護団もその前史として捉えられがちであるが，そうとばかりは言えないのである．本章では，震災直後の大学で学生救護団の活動が軌道に乗るまでの状況を検討し，当時の大学での被災者救護活動の実状と，その担い手たちが組織された事情を明らかにしたい．

当時の学年歴では7月11日から9月10日までは夏期休業で授業が行われておらず，発災時に構内にいた学生，教員は少なかった．さらに，8月31日は天長節，9月2日は日曜であったため，震災当日の土曜日に休暇を取れば3連休となり，職員の出勤者も比較的少なかった．軽井沢に滞在していた末弘をはじめ，東京を離れて避暑，帰省していた者も多い．これは，東京帝大に隣接して現在の農学部地区に所在していた第一高等学校が学期始業の日で，多くの学生が学内寄宿寮に戻っていたのとは大きく異なっており，震災直後の対応を難しくした．

11.2　教授たちが紹介した活動の概要

9月6日に学生たちの活動に加わった末弘厳太郎教授は，19日に「帝大学生救護団の活動に就いて」（改造社，1923）を執筆し，1カ月後の10月19日には穂積重遠教授が「東京罹災者情報局の活動」（山本，1924）をまとめた．これらの記録により，彼らの活動の詳しい内容が，広く，また後年にまで伝えられた．以下，その概略を紹介する．

末弘が伝えた帝大学生救護団の活動

末弘は学生たちの活動を，①給養事務，②「尋ね人」の仕事，③「東京罹災者情報局」の仕事の3つに分ける．

①に関しては，軍艦「神威」に便乗して南洋を巡航してきた学生たちが9月2日に東京に上陸し，その多数がその日から大学構内に寝起きし，彼らが中心となり，やがて集まってきた学生たちと活動を始めた．「初めの仕事は何所も同じ警備事務が主なものであった」が，本郷区長の了解を得て学内避難民の給養に活動を広げた．秋葉原や救援物資が陸揚げされた芝浦までトラックで出向いて物資を集め，炊き出しをして配るのではなく，避難者をいく

つかの自治団体に分け，それぞれに青年団をおいて食糧や慰問品を公平に配給させた．構内の体制が整うと12日から上野公園に支部を設けた．学生たちは鋤，鍬，シャベルなどをふるって，便所を新設し，汚物を片づけ，また警視庁から薬品類を手に入れて消毒作業を行うとともに，公園内の避難者を14の地区に分割し，それぞれ役員を定めさせて区からの食糧や諸方面からの慰問品を配給する体制を整えた．

②に関しては，構内避難者2000名の名簿を作成した後，周辺の避難所に手を広げた．さらには同様の事業を開始した市政調査会と分担して全市の避難者名簿を完成させ，東京日日新聞に発表する一方，学内に尋ね人係を開設して人探しにくる人々に対応した（写真11.1）．

③に関しては，6日に「学生本部」（写真11.2）に駆けつけた末弘が，縁故者の消息を確認するために地方から上京する必要を減らすため，郵便で問い合わせに回答する体制を作ることを提案した．学生たちの合意を得ると，末弘は政府の臨時震災救護事務局の了解を得，11日に東京罹災者情報局を設立して臨時震災救護事務局を通じて全国に広報した．学生たちは詳細な焼失範囲，傷病者，死者，立退き先などの情報を手分けして集め，一高，東洋大学などからの応援学生とともに問い合わせに回答した．

末弘自身は，事務室の一隅に席を占め，事業全般の整理連絡を図るとともに諸官庁との交渉を引き受けた．そして彼は，役所も救護に尽力しているが「アタマ」は外には出ず，現場の「足」は責任を回避しようとするために，臨機応変な救護ができない，それに対して学生たちは「アタマが生えている足」だから有効に活動している，とする．上野公園への進出（写真11.3）も，学生たちの調査と希望に基づくものであった．

穂積が伝える東京罹災者情報局

東京罹災者情報局を応援した穂積重遠によれば，「東京罹災者情報局」の看板は「学生本部」となっている巡視詰所に掲げられた．12日に新聞各紙が報じたため，15日に問い合わせが到着しはじめ，10月19日までの受信は3万5088通，これに対する発信は，複数の問い合わせを盛り込んだものがあったため3万6931通に及んだ．このうち，問い合わせ内容に即した「積

写真 11.1　巡視詰所に設けられた尋ね人の対応窓口（以下，写真は 3 点とも文部省社会教育課『關東大震大火實況』（1923）より，映像提供：国立美術館国立映画アーカイブ）

写真 11.2　巡視詰所に掲げられた「学生本部」の看板

極回答」は 1 万 6617，その他は，家があったところは焼けているが，死傷者名簿にないなどといった「消極回答」や，対象外であった神奈川県在住者の問い合わせなどへの調査不能という回答であった．実際に働いたのは学生本部全体で約 200 名，情報局が 100 名くらい．そのなかには工学部佐々木重雄助教授など学士数名，情報局を中心に一高生約 40 名，東洋大学 5，6 名，外国語学校 1 名が含まれていた．名簿も会議も勤務時間の定めもなく，役割

写真 11.3　上野公園に置かれた「東京帝国大学学生救護団上野支部」の看板．看板右奥の黒い制服が帝大生，その右手の薄い色の制服は一高生．

や対象地域で自然に分業して，回答を書く者が自分の判断で現地調査に出向くなど自主性を尊重した働き方であった．

9 月末の本郷所在学部の学生数は選科生 235 名を含めて 5239 名であり（東京帝国大学，1924），その約 3% が参加したことになる．少数ではないが，比率からみれば，この活動への参加が当時の帝大生の共通体験だったわけではない．一高生は 6 月末現在で 1139 名で（第一高等学校，1924），参加率ではわずかながら帝大生を凌いだ．一高の授業は延期され，寮も 9 月 10 日で一時閉鎖されたが，寮に残留した者もあり，15 日に組織された一高震災救護団が情報局や帝大救護団への応援を行ったからである（一高寄宿寮，1937）．

6 日に末弘が駆けつけたのは「学生本部」であり，穂積も学生たちの活動全体を示すのにその名を使った．「東京帝国大学学生救護団」という名称は，上野に設けられた支部の看板にみられ，末弘が各官庁と交渉するために用いるなどした対外的な名称であったと考えられる．

大学が報じた救護活動

震災から 80 日ほどたった 11 月 21 日，文部省会計課長から震災時の大学での「防火，危難救済等に対する応急の措置」の問い合わせを受けた大学は，

(1) 防火作業, (2) 避難民救護等に関する件, (3) 罹災傷病者診療, 防疫等に関する件, (4) 東京罹災者情報局臨設の件, と分けて回答した(「文部省往復　乙　大正 13 年」57). そこには,「学生救護団」や「学生本部」の文字はなく, (4) では「本学教官中の有志発起にて在京学生を糾合し構内巡視詰所に東京罹災者情報局を, 又上野公園内竹ノ台に同支部を臨設」と, 教員主体の活動として紹介されている. また (2) では,

> 9 月 2 日より本学構内へ避難民殺到し, 其の収容数約 2 万人以上に達せり. 右は爾後日を経るに従ひ漸次減少したるが, 本学に於ては先つ運動場其他の空地は勿論, 事情の許す限り各建物を開放し, 且東京市よりの救恤米を受けて避難民に焚出及配給を為し…当分の間, 職員学生の一部は, 連日徹宵構内の警備並秩序維持に膺りたり

と, 避難民の存在と学生が警備に参加したことを報じるが, 活動の主体は不明確である. 1932 年に刊行された『東京帝国大学五十年史』も当日数少ない所在学生と勤務中の職員とが, 震災とともに馳せつけた職員・学生と協力して図書, 器械の搬出, さらには避難者の救護・取締等にもあたったとするが, やはり学生救護団や学生本部の名称は記さない. これに対して東京市が編纂した『東京震災録　別輯』(1927) の「東京市民の活動」の章は, この報告書の大半のほかに,『改造』掲載の末弘の文章を抄録することによって, 帝大学生救護団の活動を伝えた. 学生救護団の活動は大学当局ではなく, 末弘, 穂積両教授によって伝えられたのである.

11.3　発災直後の構内

発災直後の対応

9 月 1 日土曜日の正午直前ころに発生した地震では, 幸いにも本郷構内での死者は生じなかった. しかし薬品の落下による火災が数カ所で生じ (8 章参照), 構内の学生や教職員は, 所属学部で消防活動を行った. 彼らと, 当時東京市の消防を担当していた警視庁消防部の努力で火災の多くは消し止められたが, キャンパスの西北の端にあった工学部応用化学教室の建物はほぼ

全焼した．より深刻な被害をもたらしたのは，医学部医化学教室からの出火で，北側の薬物学教室，さらには正午で閉館した図書館に延焼した．学生は，より多数の第一高等学校の生徒らとともに図書館，続いてその北側，銀杏並木の両側にあった法・文・経済の研究室から図書の一部を運び出した．そして，午後4時ころまでにこれらの建物が炎上すると，彼らの多くは帰宅した．このころには，お茶の水方面からの火が本郷三丁目交差点の南約300 m付近まで燃え広がってきており，それから夜にかけて，大学の南側は春日通のあたりまで焼けた．2日の夕方には浅草方面の火が上野に迫り，さらに日がかわってから不忍池の南側が延焼した．この火が春日通りの湯島切通坂下で何とか食い止められるのは3日の朝，警視庁の記録での鎮火は10時30分である．この地点での鎮火で丸2日近く燃え続けた東京の地震火災は終わった．東京で最も長時間，火災延焼の脅威にさらされていた東京帝大は，危険が去ったときには南側と東側で焼失地域にほぼ接する，救護の拠点となるべき位置にあった．

構内の警備

大学構内の警備は学生監室の下で，26名の巡視を直接の担い手として行われていた．発災当時の勤務者は10名，非番の7名が当日中に参集した．学生監は欠員で，2名がその事務取扱を命じられていた．1月あまり前に任命された事務方トップの西山政猪書記官と，前学生監で文学部事務室に勤務する土田誠一助教授とであり，西山は当日出勤していた．巡視たちは自衛消防も担当していたが，水道の断水と消防ポンプの故障とにより，本格的な消防活動は短時間で終わった．しかし法・文・経済学部が焼失して警視庁の消防隊が去った後も，火は東，次いで南に延焼し，現在の山上会館の位置にあった大学本部も炎上した．このため，巡視たちは防火と書類等の搬出，あるいは理学部や病院での飛火の消火に追われた．文部省への報告によれば構内の鎮火は2日午前1時30分であるが，午前3時ころには戸締りされていた理科本館2階の木栈が炎上し，巡視たちが消火している．

非常の際には非番者が出勤して応援，対応するという枠組みでの活動は，このあたりが限界だったのであろう．2日の朝6時半には一部の巡視に退勤が指示された．この朝，前日非番で自宅が半壊したため家族の避難に付き添った1名が5時ころに，休暇で現在の埼玉県鴻巣市に帰省中だった1名が6時半ころに加わり，以後当番，非番の別なく勤務したが，当面，それ以上の応援はなかった．

一方で1日夜から構内への避難者が増え，2日夕方に上野公園に火が迫ると，その方面から再避難した人々が押し寄せた．2日の早朝に出勤した会計課の山田光治書記は，夕刻には「構内の維持警備殆んど困難」（「大震災関係(下巻)」）となったと報告している．朝鮮人の暴動に関する流言が広がるなか，この夜，本郷構内の避難者に対しては誰によるかは未詳だが，「朝鮮人が荒れますから逃げてください」といった宣伝が行われ，これを受けて第一高等学校に再退避した者もいた（帝都教育復興会，1924：179・279）．

一高には，小銃を用いた発火・射的演習を含む「兵式体操」を行うため，体操教官が管理する銃器室があった．そこで，この夜生徒150名が着剣した銃を持って警備にあたり，秩序が保たれていた（東京市，1927：667）．火薬は貯蔵されていなかったはずであるが（第一高等学校，1924：113），一応は訓練を受けている制服制帽の若者が集団で銃剣を持つ姿は，避難者には心強く感じられたのであろう．これに対して，帝大の巡視たちは制服を着ているとはいえ，非武装で，多くは前日来の勤務に疲れ果てていた．避難者の回想からは，巡査や周辺の青年団員が警備のために構内に入っていたことが確認できるが，それが統一的に指揮されていた形跡はない．

学生たちの来着と活動の主な担い手

そこに，「学生本部」の中核となった学生たちが来着する．7月1日から海軍の特務艦「神威」に便乗して南洋見学を行っていた学生38名は9月2日に帰航，駆逐艦「薄」で品川に送られ，午後4時に解散した．自宅や下宿先に向かった者もいたが，多くはまとまって直線距離で約10 km北の大学をめざした．土田学生監事務取扱が10月15日に西山書記官宛てに提出した学生監室所属功労者の調査書には

法学生　久富達夫

右は南洋見学より帰京するや九月三日早朝本学に来り，本部の命を受け，多数の学生を糾合し自ら率先之を統率して構内警備の任に当り，更に罹難民の救護に鞅掌し，外戒厳司令部乃至東京市又は本郷区役所等と連絡を計り，内構内の秩序維持に努め，周到なる注意と敏活なる行動とを以て非常の変に際し本学当事者の任務を幇助したる功大なり

という文書が含まれており，久富達夫が活動の中心人物であったことがわかる．彼は，この前年に工学部造兵学科を卒業して法学部に学士入学していたため，1年生ながら学生たちの先輩格であり，南洋見学でも学生の代表者であった．

ほかの参加者について，大学は1924年5月5日付の本郷区宛ての「救護尽力者」の報告で，「構内の警備並其の秩序維持に努め，且罹災者救護情報事業等に従事し，本学当事者の職務を陪助せり」として，穂積・末弘両教授と医学部副手東 陽一，医学部3月卒の東 俊郎，法学部学生是松準一，同井場直人，同豊田久二，同久富達夫，文学部学生内村治志，経済学部学生阿部荘吉を挙げている．

この10名のうち，1925年6月の東京帝国大学セツルメントの名簿に名があるのは穂積・末弘両教授と内村治志の3名に限られる．しかし，唯一の学生内村治志は，セツルメントの主事として指導者の末弘厳太郎を支え，事業を取り仕切った（宮田，1995）．5年前に設立され，前年に学内学生団体として再編されていた新人会の会員であり，のちに石島と改姓し，占領下の1947年にNHK広島放送局長として現在の原爆死没者慰霊式ならびに平和祈念式につながる市主催の平和祭を提案し，実現に尽力したことで知られている（広島市，1983）．

学友会改組の担い手たち

ではこれ以外の「救護尽力者」たちはどのような人々であったろうか．1924年1月2日の『帝国大学新聞』は「学生本部は先きに挙げられた臨時学生委員が中心となって活動した」としている．この「臨時学生委員」は，

震災の年の5月5日に開催された学生大会で設置が決定された臨時学生委員会の委員である．この，学生大会への人集めをひとつの目的として現在の五月祭に連なる「各部連合大園遊会」が初めて開催されるなど，この時期は，大学全体での自治活動の黎明期であった．

1886年に総長を会長として設立された運動会は，教職員，卒業生，学生の希望者が加入して会費を納め，年1回の陸上運動会や墨田川での競漕会などを主催し，漕艇，陸上運動，柔道など7部を置いていた．1920年にはこれを拡張して東京帝国大学学友会とし，音楽，文芸等の文化系の部も加えたが，さらに学生生活上の課題にも取り組む団体に改組しようとする学生の動きが生じた．これを受けて1923年3月の大学評議会で，学友会を全学生・教職員からなる組織に発展させることが了解された．この具体案を固めるのが臨時学生委員会の主な役割であった（東京大学，1985）．以上の経緯から，委員には運動部の者が多かったが，1921年に在学生中心に組織を改めた新人会もこの機会に勢力を伸ばそうとはかっていた．

海軍に依頼しての南洋見学は，総長から海軍省に申し入れられたものであったが，そのきっかけは臨時学生委員となった豊田久二の加藤寛治軍令部次長への働きかけであった（永井，1964）．そこで，参加者には臨時学生委員が多く，学生の自主活動を重視する彼らが大学に戻り，活動を始めたのは自然だった．運動部関係者のたまり場となっていた正門近くの富士見館が無事で，宿泊が可能だったことも，彼らの活動を容易にした．

南洋旅行には新人会から内村の外に，菊川忠雄，舂野 信も参加した（石堂・竪山，1976：119）．菊川によれば思想宣伝が目的であった（菊川，1931）．しかし管見では内村以外は構内での救護活動にあたった形跡はない．

運動部系の人脈

のちに戦時下の情報局次長を務め，終戦時の玉音放送の発案者であったと言われる久富達夫は，郷から久富に改姓したばかりで，一高では柔道と水泳で名を馳せ，大学では柔道のほか，ラグビー部の創設に参加した．是松，豊田，阿部は柔道部で，井場はラグビー部である．久富の兄，郷隆は医学部のボート選手として知られ，震災当時は日本漕艇協会の理事であった．当時，郷兄弟とともにスポーツ選手の兄弟として知られていたのが医学部のボート選手であった東 龍太郎，陽一，俊郎の三兄弟で，のちに東京都知事となる龍太郎は当時イギリスに留学中であったが，陽一，俊郎は学生監室からの報告に名前がある．俊郎は一高の寮で久富と同室で，後年久富の最後を看取った親友である（久富達夫追想録編集員会，1969）．穂積が唯一名を記した工学部の佐々木重雄助教授も造兵学科での久富の同級生であり，臨時学生委員を中心とする活動に若手教員，卒業生が加わったのは主に運動部の活動を主とする久富との縁によるところが大きい．

一方で，大学本部で学友会を担当したのは土田学生監で，一高水泳部で久富の大先輩でもある末弘は学友会理事であるとともに，久富，是松，豊田，内村らが取り組んだ『帝国大学新聞』の評議員を穂積重遠とともに務めて，彼らと学友会の改組について議論していた．活動の担い手たちは，教職員・学生を通じて，発災前からの知り合いで，大学のありかたへの関心を共有していたのである．

11.4　語られざる学生本部

執銃警備と屋内収容

1日の勤務の後，3日に再出勤した松田芳勝巡視は「時に戒厳令布かるるに至り，小職等依命俄然当大学生の或部分と共に軍隊的防衛行為に，各人何れも銃劔を携へ徹宵其任務に従事すること約半ヶ月間に至る」と報告した（「大震災関係（下巻）」）．巡視と学生たちは銃を執ったのである．大学にはかつて山川健次郎総長が有志による射撃練習のため陸軍に依頼して移管を受けた50丁の小銃と銃剣とがあり，巡視の1人が日常的にその整備にあたっていた．

附属医院の塩田外科で当直の若手たちが記録していた「医局日誌」[1]の9月3日の項に「午後に到りて警備隊組織せられ，各医局員小銃空弾一発を持

1　9章で取り上げている「当直日誌」のこと．塩田（1963）では「医局日誌」と呼んでいる．

って，構内外を交替警戒す」とあり，医学部卒業から日の浅い医師を中心とする医局員も警備に参加していたことがわかる（塩田，1963）（9.4節参照）．附属医院が震災後初めて主任会議を開き救護体制を整えるのは6日のことなので，これは東兄弟の働きによるものであろう．

しかし，久富をはじめ銃を手にした警備を行った当事者が，後にそれについて語ることはなく，久富の没後の1969年に出された追想録で初めて口が開かれる．豊田久二は

> ○○人騒ぎ，社会主義者陰謀と，人心不安は極度に達し，大学内の秩序も危い．久富はこの時，反抗する巡視長をなぐって鍵を出させ，銃器庫を開き，南洋帰りの我々柔道部の猛者を武装させた．この俄か造りの帝国軍人で，大学の不安も遂に解消した

とし，後日このことが古在総長の耳に入り，叱られると思ったがかえって褒められた，と回想している．1915年に山川総長の主導で小銃射撃訓練が開始されたとき，熱心に尽力したのは法科大学の上杉慎吉教授と，当時大学院生の土田誠一であった（下澤，1919）．土田学生監がいればその判断で銃器を取り出せたであろうが，夜間であったためもあって，誇張の多い豊田の回想通りかどうかはともかく，学生主導で銃器が持ち出されたのであろう．また，東 俊郎は

> グランドが避難民でいっぱいになっちゃった．翌日は雨がふったでしょう．丁度使っていない出来たばかりの新校舎があって，そこへ入れればいいんだが守衛が頑として入れない．久富がそれを見て怒ってね．総長に直談判した“われわれが責任をもつから守衛をわたしの下につけてほしい”と頼んだ．総長も“よろしい”といって，運動部の指揮で立札を書き，部屋割りをしてみんな入れたんだ．

と言う．激しい雨が降るのは3日の午後である．この雨のなかで，学生監室の藤野静太郎雇が西山書記官の命を承けて，千葉県長者町（現いすみ市）の別荘に滞在中だった古在総長に被災状況を知らせる電報を打つために埼玉県の川口まで往復しているので（「震災関係　下」，本人は2日と記すが誤りであ

ろう），総長との直談判は記憶違いと思われる．しかし，2日に構内で出産した被災者が，3日の夜に焼残教室の廊下に入れてもらい，「二日経った頃に学生有志の同情で教室に移ることとなった」というので（東京府，1924：452），確かに学生たちが部屋割りを差配していた．東は，のちに収容者が退去しないので久富が総長に呼び出されて叱られ，平身低頭していたと回想するので，彼らの判断ないし要望により，建物が開放されたのも事実であろう．避難者が収容された未完成建物は現在の工学部2号館と医学部附属病院南研究棟である．

また，藤野 雇は，本郷区役所から炊出米を配給すると連絡があり，学生とともに炊き出しを行ったと記録しており，初期には彼ら自身が炊き出しも行い，その後避難者の自治に委ねたことがわかる．

語られない自主活動

このように，銃器の利用や新築建物の開放など構内の警備，救護の実効性ある処置がやや強引に学生主導で取られた．それが必要であった事情を説明すれば，大学当局者の不在や不手際を示すことになる．一方，末弘は『改造』の紹介文で「学生は何等の報酬を求めない．名聞を求めない」と書いており，当時の彼らは外部に功績が知られることを求めようとはしなかった．また，震災直後の主に朝鮮人の暴動という流言に起因する過剰な「警備」が，多くの罪なき人々を殺傷，迫害する結果を生んだことが明らかになってみれば，構内の警備体制を確立した功績より，そのために強引な手法を取った問題が大きく感じられたに違いない．警備から始まった初期の活動は，大学，参加者双方から語られにくくなる．

先に挙げた久富の功績を記録した文書には鉛筆書きで添削があり，人名が「近藤外科副手　東陽一」と連名にされた（「大震災関係（下巻）」）．大学から文部省に提出する際に書き改められたのであろう．さらに文部省は11月5日に「特に犠牲的精神を発揮し他の模範とするに足る程の顕著なる功績を示したる者」の選定と事蹟の提出を求めたが，これに対する回答は東 陽一のみとされた．東は発災時から構内にいて，病院の防火や入院患者の運搬，貴重図書の搬出にもあたったので，その面の功績も合わせれば確かに卓越していた．そして，その功績の末尾には「法学部学生久富達夫等と協力し在京学生を糾合し之を統御して連日徹宵，避難民の救護，構内の警備並び其の秩序維持」にあたった，と記された（「文部省往復 甲 大正 12 年」）．しかし，東の功績が東京市の『東京震災録　別輯』に掲載されたときには，この 1 節はみられない．どの段階かで削除されたのであろう．2 日深夜からの学生と若手医局員による自主的かつ組織的な活動は，末弘によるわずかな紹介を除き，報じられることがなかった．

11.5　セツルメント活動への道

セツルメントへの継承

1923 年 10 月 11 日，学生救護団の分散式が行われた．セツルメントの準備は，その直前に末弘が内村に持ち掛けて始まる．そして，志賀義雄ら九州で資金集めの映画上映会を行っていた新人会員らも含め，新たな担い手が加わった．

9 月 4 日ころに大学に様子をみにきて学生本部の活動に加わった医学部 2 年の林 暲は，罹災者情報局の仕事を 1 カ月ほどして，問い合わせへの回答が一段落したころ，東京日日新聞社から焼失地域を示す地図を出版したいとの要請を受けた末弘の指示で，火元や延焼経路を実地調査し，罹災者情報局作成の焼失地域に重ねて年末の出版に間に合わせた．そして後年，この経費として受け取った 7000 円程度と，芝浦から運び込んだ救援物資の帆布などを売却した代金合わせて 1 万円足らずがセツルメントの主要な資金になったと回想している（福島・川島，1963）．セツルメントの初年度収入 2 万 8744 円には内訳は異なるが，震災地図売却と帝大救護団寄付金残高とで 9656 円 60 銭が計上されており，林の回想を裏づけている．このほかに罹災者情報局の活動に対して支給された 2500 円もセツルメントの収入になったので，初年度の収入の半分近くが学生救護団の遺産であったことになる．志賀たちが九州で集めた 3800 余円もセツルメントに使われたが，学生救護団とセツルメントとの連続性は資金面で明確である（帝大セツルメント，1925）．

柳島ハウスと山中寮

セツルメントは1924年6月に拠点である柳島ハウスが落成して発足する．同じ月に改組を終えた学友会では，卒業して嘱託となった是松と豊田が庶務を担当した．そして，豊田の奔走により，翌25年山中湖畔の土地を入手すると，運動部を中心とする学生たちは山中寮と周辺運動施設の整備に汗を流した．久富達夫はこの年に法学部を卒業し，末弘教授の紹介で東京日日新聞社に入社した．

新人会と運動部との対立は数年後に学友会の解散を招くが，志賀義雄が一高柔道部の先輩に誘われて新人会に入り（石堂・堅山，1976），大阪に転勤した後の久富が，新人会から共産党に加わった村山藤四郎の逃走を柔道部の縁で手助けする（久富，1969）など，少なくともこの時期には，2つが別々の集団だったわけではない．セツルメントの名簿には載らない東 陽一が初期に柳島ハウスを拠点とした医療活動を支えるなど（滋賀，1979），セツルメント活動への参加者にも，それを支援する教員も含め多様性があった．以上の分析は学生監室が主要メンバーと把握した人々に限られるので，視野を広げれば，このほかにも震災直後の救護活動とセツルメント活動とのつながりを見出せる可能性は高い．

震災直後の大学の，とくに避難者に対する対応では，運動部を中心とする自主活動のつながりで動いた人々の貢献が大きかった．学友会の改組に向けて，学生の活動が活発化していた時期であり，久富という恰好のリーダーに率いられた最も活動的な学生たちが，課題が明確になった直後に到着したという偶然が，それを可能にした．これにより，突発する災害への準備がなかった大学当局の対応の不備がある程度解消された．災害の発生を予期して準備がなされている現在でも，広いキャンパスに流入する避難者に対応するには学生の組織的な協力を得る必要があるだろう．それには日ごろからの教職員と学生を包括した信頼関係が重要な役割を果たすことが，この面での教訓とも言えよう．

引用文献

石堂清倫・竪山利忠（1976）『東京帝大新人会の記録』経済往来社.
改造社（1923）『改造』10 月大震災号.
菊川忠雄（1931）『学生社会運動史』中央公論社.
厚生省児童局（1959）『児童福祉十年の歩み』日本児童問題調査会.
塩田広重（1963）『メスと鋏』桃源社．なお筆者らは医学部健康と医学の博物館および肝・胆・膵外科，心臓外科，呼吸器外科のご厚意により「医局日誌」（現物の表紙に書かれた表題は「当直日誌　塩田外科医局」）の実物を確認した（鈴木淳・鈴木晃仁（2022）『関東大震災と東大医学部第二外科』東京大学ヒューマニティーズセンター）.
滋賀秀俊（1979）『東京帝大柳島セツルメント医療部史』新日本医学出版社.
下澤瑞世（1919）『射撃と剣術並に航空術の心理』兵事雑誌社.
第一高等学校（1924）『第一高等学校一覧　自大正 12 年至 13 年』.
第一高等学校寄宿寮（1937）『向陵誌』.
帝大セツルメント（1925）『東京帝国大学セツルメント年報　自大正 13 年 6 月至大正 14 年 5 月』.
帝都教育復興会（1924）『小学児童の罹災実話と其感想文』帝都教育復興会.
東京市（1927）『東京震災録　別輯』.
東京大学百年史編集委員会（1985）『東京大学百年史通史二』東京大学.
東京帝国大学（1924）『東京帝国大学一覧　従大正 12 年　至大正 13 年』東京帝国大学.
東京府（1924）『大正震災美績』東京府.
永井了吉（1964）『調和の哲学』経済往来社.
久富達夫追想録編集委員会（1969）『久富達夫』久富達夫追想録刊行会.
広島市（1983）『広島新史　行政篇』広島市.
福島正夫・川島武宜編（1963）『穂積・末弘両先生とセツルメント』東京大学セツルメント法律相談部.
宮田親平（1995）『だれが風を見たでしょう－ボランティアの原点東大セツルメント物語』文藝春秋.
山本 美編（1924）『大正大震火災誌』改造社.
東京大学文書館所蔵史料
「大震災関係（下巻）大正 12 年」デジタル・アーカイブ参照コード S0014/SS3/15
「文部省往復　甲　大正 12 年」S0001/Mo154/0041
「文部省往復　乙　大正 13 年」S0001/Mo158/0057

12　帝都復興の現場における東大教員と卒業生たち――工学部土木工学科の場合

中井 祐

12.1　帝都復興

はじめに，2葉の地形図を比較してみていただきたい．図12.1は明治末ごろの日本橋周辺の市街地の様子．図12.2はおなじ市街地の昭和初期，つまり関東大震災からの帝都復興事業が完了したあとの状況を示している．

一見して，街路は拡幅され，街区は整然と整い，小さな広場や公園が生み出され，狭隘な路地やクランク状の細街路がなくなっている様子をみてとることができる．いわば，この帝都復興事業によって，少なくとも東京東部下町地域においては，近世江戸由来の都市空間がほぼ消滅し，近代的な構造に改良された，ということができる．

大正の大震災の発災は，明治維新から55年．その間，封建都市江戸の構造を，近代都市にふさわしいものに改良しようとする試みがなかったわけではない．じっさい，明治の中ごろから，主に街路の拡幅や上下水道の整備を中心とする市区改正事業が地道にすすめられ，大正中ごろにはほぼ概成していた．しかし，市区改正の事業範囲は江戸以来の中心市街地とその一帯に限られ，また都市改良の主たる方法は街路整備であった．つまり，街路という「線」がいくらできあがっても，「面」である街区の内部は，事実上江戸のまま残る，ということになる．図12.1で黒く塗りつぶされている街区の内部は，街路は細く，クランク状の路地や行き止まりが多く，ほとんど木造バラックのような家屋が接道せずに密集している，そういう空間をイメージすればおおむね正しい．

そのような状況下，殖産興業の国策，国をあげての工業化を背景に，大都

図 12.1　震災前の日本橋周辺の市街（1/10,000 地形図「日本橋」，明治 42 年測量）

図 12.2　帝都復興事業完了後の日本橋周辺の市街（1/10,000 地形図「日本橋」，昭和 12 年修正測量）

市への人口集中が加速する．インフラの整っていない過度に密集した低質な住環境，そこに身を寄せ合って生活する低所得者たち．大地震が直撃した大正時代の東京下町地域とは，そういう場所だったと考えればよい．

帝都復興事業の特徴のひとつは，区画整理という近代の都市計画手法を用いて，被災した市街地を全面的につくりかえてしまったことである．この都市改造によって東京は，ようやく本格的な近代都市としてのインフラを手にいれ，以後現代にいたるまで，根本的な構造改良を経ることなくなんとか済んでいる．その意味で，江戸東京の歴史において，また日本の災害復興史あるいは近代都市計画史において，最も重要な都市改造プロジェクトのひとつであると言ってよい．

本章では，この帝都復興事業における東京大学（当時は東京帝国大学）の教員や卒業生の関与とその成果を，とくに橋梁インフラの復興に絞ってみていきたい．

12.2　帝都復興院の陣容と復興事業の経緯

帝都復興の経緯と復興院の陣容

地震の翌日，すなわち1923（大正12）年9月2日，山本権兵衛内閣が成立し，後藤新平が内務大臣に就任する（コラム5「後藤新平「復興論」」参照）．

後藤の名は，日本の近代都市計画の歴史に欠かせない．日本で最初の体系的な近代都市計画法制度が成立したのは1919（大正8）年だが，後藤はその少し前，1916（大正5）年に内務大臣として都市計画調査会および都市計画課の創設に尽力するなどその基礎を築いている．その後東京市長に就任，いわゆる8億円計画として有名な東京市政要綱を発表し，世の耳目を集めた．当時としてはめずらしく，都市計画の推進にきわめて積極的だった政治家である．

関東大震災のさいの後藤の動きは，きわめて迅速だった．東京を改造する好機と考えたであろうことはまちがいない．後藤は発災翌日に内務大臣に就任，そのわずか4日後の9月6日に，「帝都復興ノ議」を閣議に提出している．

後藤は「帝都復興ノ議」に，帝都復興をとりおこなう目的に特化した組織が必要であることを謳っている．後藤は当初，復興計画の立案と事業化だけでなく，帝都復興に関する事項で各省および自治体に属する事務や権限をすべて集中させた復興省の設立を目指していた，とされる．しかしこの構想は各省の理解を得られず，最終的に内閣総理大臣直属の帝都復興院を創設することとなる．後藤は内務大臣を兼務したまま，帝都復興院の総裁に就任する．

帝都復興院は，総裁のほか2人の副総裁，技監，理事が幹部団を構成し，その下に総裁官房と，専門的な職務を担当する計画・土地整理・建築・土木・物資供給・経理の6局が置かれた．9月下旬から翌10月初旬にかけて公布された陣容は以下の通りである（東京帝国大学卒の場合は括弧内に学科と卒業年を示す）．多くが，台湾総督府，満鉄，鉄道院，内務省などで後藤と仕事をともにした官僚たちであり，すなわち後藤の意向が強く表れた人事であった．

総裁	後藤新平
副総裁兼理事	松木幹一郎（法科1896卒）
副総裁兼理事	宮尾舜治（法科1896卒）
技監兼理事	直木倫太郎（工科・土木1899卒）
書記官	金井 清（法科1911卒）
書記官	長谷川赳夫（法科1913卒）
理事兼計画局長	池田 宏
理事兼建築局長	佐野利器（工科・建築1903卒，東大教授）
理事兼土木局長	太田圓三（工科・土木1904卒）
理事兼土地整理局長	稲葉健之助
理事兼経理局長（心得）	十河信二（法科1909卒）
理事兼物資供給局長	松木幹一郎が兼任
技師	山田博愛（工科・土木1905卒）
技師	岸 一太

いうまでもなく，大半が東京帝国大学卒，とくに法科と工科出身の官僚である．ただ，当時の東大にはまだ，都市計画専門の技術者を養成する学科は

存在していない．土木工学科と建築学科を卒業した技術官僚が，復興都市計画の中心を担ったのである．

ちなみに，東京大学工学部に都市工学科が設置されたのは，戦後の1962年．それ以降，東大都市工出身の都市計画技術者が，国や自治体，公団などで多く活躍するようになる．

復興計画成立の経緯

復興計画の検討経緯の概要を記しておく．

復興院が設置されるまでの，震災からおよそ1カ月のあいだ，内務省の都市計画局において，すでに定められていた東京都市計画をベースにして復興計画の素案が検討された．その任にあたったのは，内務省の技師である山田博愛（工科・土木1905卒），野田俊彦（工科・建築1915卒）らであった．この検討をもとに，後藤は41億円という，当時の国家予算の2.7倍に達する膨大な復興予算額を提示するが，政府内の予算折衝は思い通りにいかず，いくつかの減額案を作成，最終的に10億円程度の案で取りまとめる方針が内務省内部で確認された．

その後復興院が設置されると，上述した理事たち，とくに池田，佐野，直木，太田らが中心になって10億円の案をさらに検討し，10月なかばには甲乙2つの原案を用意して，関係各会議に臨むことになった．

復興計画を確定するためには，参与会・評議会・審議会の3つの諮問機関の審議を経て，その後帝国議会で予算承認を得る必要があった．現職次官級と財界人で構成される参与会，および政界人・民間有力者・学識経験者で構成される評議会は，おおむね原案の方向性に対して肯定的な議論であったが，現職大臣と大臣級の政治家で構成される審議会は，計画の予算規模の過大を指摘し，とくに復興院が市街地改造の切り札と考えていた土地区画整理の適用を否定した．

その結果，計画内容を縮小して5億7500万円という予算規模の妥協案を帝国議会に諮ることになるが，議会はさらに予算の削減を求め，復興予算は4億7000万弱，復興院の事務予算も全額カットされるという結果に終わる．

後藤はのちの議会で復活折衝をもくろんでいたとされるが，その年の12

月 27 日，摂政宮が狙撃されるいわゆる虎ノ門事件が勃発，山本内閣は総辞職を余儀なくされる．後藤が公の立場で帝都復興に関わったのは，このときまで，わずか 4 カ月足らずであった．

地震の翌年，2 月 25 日に復興院はあっさり廃止されて，内務省の外局としての復興局に縮小された．長官には直木倫太郎が就任，当初の復興院幹部のうち池田 宏は内務省に戻り，佐野利器は東京市の建築局長に異動する．残された太田をはじめとするメンバーで，帝都復興は計画立案段階から事業実施段階に移ることになる．

復興事業実施の中心部局であった土木部と建築部のすべての課を含む，復興局幹部の陣容を，下に記しておく．全員が東京帝大の出身者，しかも 30 代・40 代である．最も若いのは橋梁課長田中 豊，36 歳．長官の直木ですら 48 歳であった．帝都復興事業は，東京帝大卒の若い官僚たちの手によって実行されたのである．

長官兼技監　直木倫太郎（工科・土木 1899 卒）
土木部長　太田圓三（工科・土木 1904 卒）
　工務課長　阿部邦衛（工科・土木 1906 卒）
　橋梁課長　田中 豊（工科・土木 1913 卒）
　道路課長　平山復二郎（工科・土木 1912 卒）
　河港課長　（阿部邦衛が兼務）
　庶務課長　岡田周造（法科 1914 卒）
建築部長　笠原敏郎（工科・建築 1907 卒）
　技術課長　（笠原敏郎が兼務）
　公園課長　折下吉延（農科 1908 卒）
　庶務課長　武部六蔵（法科 1908 卒）

12.3　橋の復興と東大土木工学科卒の技術者たち

橋梁の震災被害と復興橋梁の整備方針

さてここからは，帝都復興の現場とくに橋梁の復興事業に焦点を絞って，東大教員と卒業生たちの仕事の実際をみていきたい．

地震によって被害を受ける前の橋梁の総数は東京で675橋，横浜で108橋であったが，最終的に復興事業として架け替えもしくは新設の対象となったのは，東京425，横浜99の合計524橋である．そのうち東京市内の115橋と横浜市内の35橋の設計施工を，内務省復興局が担当した（残りは東京市と横浜市が担当）．

この内務省復興局の土木部橋梁課は，部長・課長・係長をはじめ，多くが東京帝大土木工学科卒の技師で構成された集団だった．また課長の田中 豊は震災の翌々年に復興局兼務のまま東京帝大土木工学科の橋梁講座の担任教授に着任，田中の兼務中は土木工学科の卒業生が次々に復興局に就職して復興橋梁の設計実務を担った．そして彼ら卒業生の多くが，その後昭和戦後期において，日本の橋梁技術の発展を担う有為の人材に育ってゆく．その意味で，帝都復興の橋梁事業は，東京帝国大学に当時期待されていた，実践的な技術官僚の供給という社会的機能を，とても看取しやすい事例であると言えるだろう．

復興局土木部橋梁課について述べる前に，帝都復興における橋梁事業の概要と特徴をまとめておく．

震災による東京市内の橋梁の被害状況を表12.1に示す．358という被害の多さもさることながら，その2/3が木橋であるという点が目につく．被害の内容も，地震動による倒壊は少なく，火災による被害が圧倒している．燃えたのは木橋の構造体だけではない．当時の橋は，永久橋と呼ばれる鉄の橋であっても，橋の床版は木でできていた．つまり，床が燃え落ちたのである．

地震直後の大規模火災に襲われた市民たちは，大量の群集となって，火の手のない方向，とくに空地である河川や運河めがけて逃げていったのだろう．しかしたどり着いてみると，橋が燃えている．あるいは橋の床が燃え落ちて渡れない．パニック，そしてかろうじて残された橋に，さらに群集が集中する．その後の阿鼻叫喚は推して知るべし，である．関東大震災の犠牲者のなかに，少なからぬ数の溺死者が存在した背景には，そういう事情がある．

したがって，橋梁復興の目標の第一は，橋の不燃化だった．復興局が建設した復興橋梁は，すべて鋼やコンクリートで構成された構造体と床版を持つ，

表 12.1 関東大震災で被害を受けた東京市内の橋の種類と数（復興事務局，1931：243-244 より）

	被災前の数	震動による被害	火災による被害
木橋	420	6	276
鉄橋	60	6	49
RC 橋	47	0	10
無筋コンクリート橋	4	4	0
石橋	144	2	5
合計	675	18	340

写真 12.1 竣工当時の永代橋（上）と清州橋（下）（復興局土木部橋梁課，1928：口絵より）

燃えない橋である．

ただ，復興局が腐心したのはそれだけではない．橋を不燃化するだけなら，技術的にやるべきことは単純である．彼らがさらに自らに課したのは，この機に，世界最先端の技術を展開してオリジナルなデザインの橋梁群を実現しよう，というテーマだった．

復興局が担当した 115 橋のうち，著名なのは，永代橋や清洲橋（写真 12.1）に代表される隅田川の 6 橋（下流から相生橋，永代橋，清洲橋，蔵前橋，駒形橋，言問橋）である．そのほかの 109 橋は，主として幹線街路が運河を跨ぐ箇所に架設された．本章では，前者を隅田川六大橋，後者を復興街路橋，と呼び分けておく．

これらの復興橋梁115橋の全体的特徴は，下記の2点に要約される．

第一は，隅田川六大橋への予算と最新技術の投下である．復興橋梁費総額のおよそ4割を隅田川の6橋に充当し，さらにその約半分は永代橋と清洲橋の2橋に充てている．当時，平均的な橋梁建設費の単価は，おおむね240-300円/m^{2}程度であったが，永代橋は698円/m^2，清洲橋は732円/m^2，蔵前橋451円/m^2，駒形橋522円/m^2，言問橋520円/m^{2}と，相生橋以外はみな一様にハイグレードである．とくに永代，清洲にはニューマチックケーソンや高張力鋼（デュコール鋼）など当時最新の技術が惜しみなく投入され，特別扱いの位置づけにある．

第二は，115橋の橋梁形式の配置の特徴である．隅田川には，1橋ずつ異なる形式の橋が架けられた（図12.3）．小規模の街路橋群も，架橋場所の地質や空間的制約，周辺の景観や土地利用の性質，都市空間の文脈，隣の橋とのバランスなどに留意して，1橋1橋，きめ細かく配置されている．たとえば，公園の入り口にあたる場所や，交通量の多い運河には，当時美観的に優れているとされたアーチ橋が，多く架けられている．つまり復興橋梁事業とは，たんなる橋の計画・設計というよりは，橋を素材とする都市空間デザイン展開の試みと言うべきであり，おそらく世界の橋梁史，都市デザイン史をひもといても，類例がみあたらないユニークな実践であったと思われる．

復興局土木部橋梁課

驚くべきことであるが，復興局土木部橋梁課には，部長以下，課長，課長補佐，各技師にいたるまで，市街橋の設計のプロフェッショナルと言える技術者はほとんどいなかった．

部長の太田圓三はもと鉄道省技師で，鉄道工事関係のキャリアは豊富であるが，市街橋の設計を手がけた経験は大学卒業直後の一度しかなかった．課長として実質的に設計全体を統括した田中 豊は，太田と同じく鉄道省の技師で，所属していた大臣官房研究所では主に理論面の研究に従事しており，橋の設計経験はほとんどなかった．課長補佐の成瀬勝武は，復興局に入る前

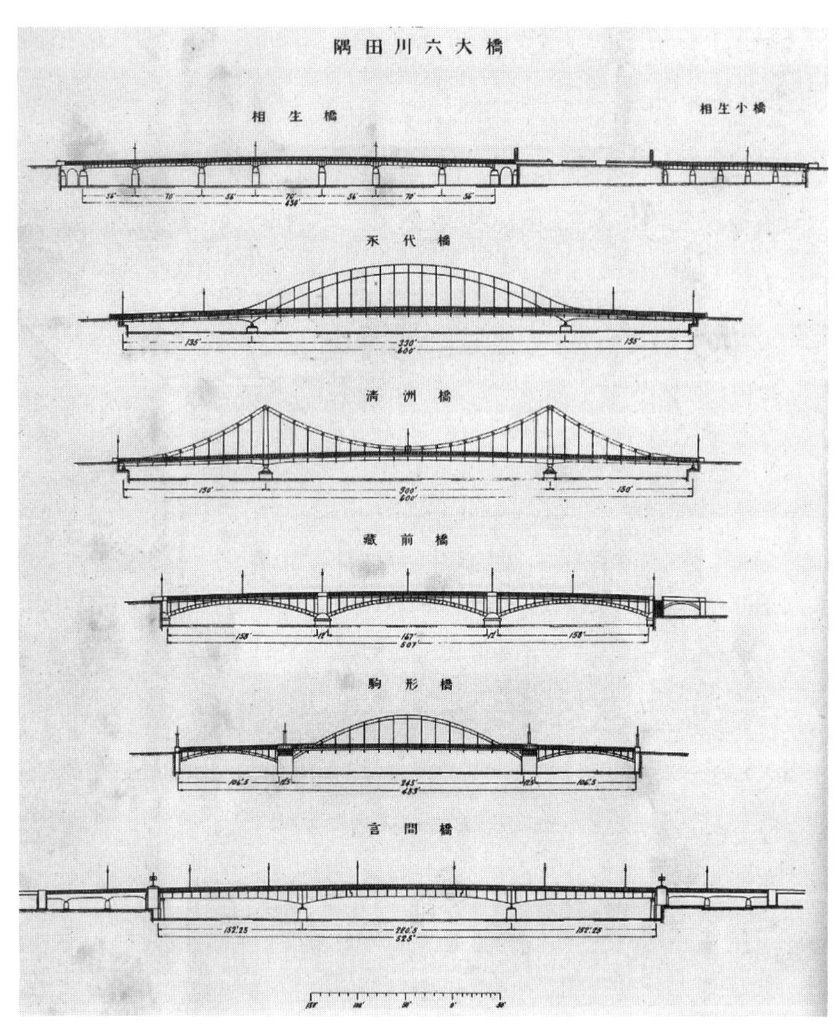

図 12.3　隅田川 6 大橋側面図（上から相生橋，永代橋，清洲橋，蔵前橋，駒形橋，言問橋）（復興事務局，1931：第 2 章附図第 25 より）

は東京電燈の技師として尾瀬の電源開発計画を担当しており，橋の設計に関してまったくの素人だった．

ちなみに当時，太田は 42 歳，田中 35 歳，成瀬 27 歳．その下で設計を担った技師たちも，みな若い．たとえば永代橋の詳細設計を担当した竹中喜義は1922年東大土木卒，清洲橋担当の鈴木清一は1925年九大土木卒，蔵前橋担当の井浦亥三は1923年東大土木卒．卒業してまもなく，十分な実務キャリアのないまま復興局に入ったことが想像されよう．

ほかの橋の場合も，似たようなものだった．つまり復興局橋梁課とは，橋の設計経験に乏しい，もしくは経験のない上司のもと，スタッフのほとんどが大学を卒業したての20代半ばの若者たち，という組織だったのである．

このいわば素人集団による大量の橋の設計と建設を可能ならしめたのは，鉄道省から派遣された中堅のエンジニアたちだった．たとえば詳細設計の図面は，鉄道橋の標準設計に豊富な経験を有するベテランの技師が，細部にいたるまですべてチェックし，一方施工は，鉄道橋建設の現場経験に豊富な鉄道技術者たちが配置され責任を担った．当時国内で，橋梁建設に関して知識と経験でほかを圧する技術力を蓄積していたのは，なんといっても鉄道省だった．

復興橋梁は，鉄道省の技術陣の支援があって初めて実現した，と言うことができる．そして言うまでもなく，彼らの大半も東京帝大土木科出身である．

太田圓三と田中 豊

さて，復興局土木部と橋梁課のヘッドだった，太田と田中がどういう人物だったか，簡単にみておきたい．

まず太田圓三（1881-1926；写真12.2）は，医学者でありながら多彩な文芸活動を展開したことで知られる木下杢太郎（本名：太田正雄）の実兄である．若年のころから文学や思想に親しみ，高校時代には文学の道に進むことも考えたという太田は，頑健というよりはむしろ繊細な性格を備えた技術者であったように思われる．

東京帝国大学土木工学科を卒業後，逓信省鉄道作業局に入局，以降鉄道技術者として経験を積み，「鉄道始まって以来の天才」と称されるほどの活躍をみせるにいたる．とくに，復興事業に関わる直前，鉄道省建設局工事課長として取り組んだ上越線建設においては，需要予測に基づく路線比較，ペーパーロケーション（地形図上での路線設計）を用いた路線選定，ループトンネルを用いたユニークな路線計画，鉄道初となる直轄工事の断行と大規模な

写真 12.2 復興局土木部長着任時の太田圓三（杢太郎会編，1981：91 より）

機械化施工の実現など，当時の新機軸を次々に打ち出して，鉄道技術者としての評価を不動のものとした．

太田について，復興局建築部長の笠原敏郎（東京帝大建築科 1907 卒）は次のように回想している．「太田君は道路であれ橋梁であれ総てのものを造るに際して，単に土木の技術的の見地からでなく，都市美術と云う方面にも着眼されて…（中略）…土木の総ての工作物が今迄とは非常に違って芸術的になった（後略）」．

太田は若いころから橋梁への情熱は人一倍だった．復興当時も「隅田川の橋さえ完成すれば」と語りつつ，夜遅くまで役所に残ってみずからデザインに工夫をこらしていたという．芸術家にデザインについて相談し，スタッフにたいして「計算できない橋を架けろ」と鼓舞し，ときには部下の田中が「そんな橋を架けて落ちても知りませんよ」と食ってかかることもあったという．

復興橋梁全体，とりわけ隅田川の橋梁群にみられる「オリジナルなデザインを」という強い志向は，太田がスタッフたちに与えた方針だろう．

写真 12.3 復興局橋梁課長時代の田中 豊（平井編，1967：3 より）

さてそのスタッフたちを束ねるチーフエンジニアだった，田中 豊（1888-1964；写真 12.3）．東京帝国大学土木工学科を卒業後，鉄道院のち鉄道省の構造物設計担当の部署で経験を積んで，1923 年に復興院に出向となる．建設畑を歩いてきた太田と異なり，一貫して鉄道構造物の設計チームに属する，設計畑の技術者だった．ただ，当時の史料や田中の鉄道時代の同僚たちの回想をいくらひっくり返しても，鉄道時代の田中が橋の設計に優れた能力を発揮していた，という事実にはいきあたらない．むしろ，設計をサポートするための実験研究や理論研究が，田中の本領だった．とくに，ドイツ橋梁工学の最新理論の研究に傾倒した．つまり田中は，実践派というよりは，研究者肌の理論家であり，橋の設計に関するかぎり，当時は第一人者でもなんでもなかった．

その田中が復興院に引き抜かれた経緯や理由は判然としない．田中は復興院入りが決まったとき，恩師の廣井 勇東京帝大教授（専門は橋梁工学と港湾工学）を訪れ，顧問就任を依頼している．廣井は「橋の設計などなんでもない，落ちないようにやれ」と激励して，顧問就任は断ったというが，このエピソードに，設計経験の乏しさからくる田中の不安とともに，いつの世も変わらぬ恩師と教え子の関係がみてとれるだろう．

田中には，技術進歩主義的なところがあった．その意味で，太田に比べると，単純な技術者であったとも言える．しかし，隅田川の復興橋梁の仕事に通底しているのは，新しい技術への絶えざる挑戦と，決してぶれることのない確かなプロポーション感覚である．田中は，卓越したエンジニアリングセンスのみならず，人並みならぬ造形センスをもあわせもった，日本の近代史上稀有な橋梁技術者であった．

ちなみに，田中の生涯の仕事のうち，復興橋梁の永代橋と清洲橋，さらに万代橋，筑後川昇開橋，都合4橋が，国の重要文化財に指定されている．重文としての建造物を4つも後世に遺した日本の土木技術者は，田中だけである．

結果的に，この太田の情熱と田中のセンスの組み合わせが，絶妙だったのだろう．隅田川の復興橋梁群が竣工後ほぼ百年を経たいまも，東京を代表する景観のひとつとして多くの市民や観光客に愛されているのは，このコンビの功績だと言ってよい．

12.4　田中 豊が残したもの――新たな近代技術者教育へ

1925（大正14）年6月，田中 豊は鉄道省技師・内務省復興局技師を兼任したまま，東京帝国大学教授（工学部土木工学科）に任命され，橋梁工学を扱う土木工学第三講座の担任教授となる．その田中が担当した講義「橋梁」は，毎学期毎週4時間行われ，与えられる単位数も最も多い，当時の土木工学科カリキュラムの柱であった．

田中が就任する以前，明治から大正初期の橋梁工学の講義の内容は，当時の鉄道橋や道路橋の設計示方書，あるいは欧米における当時最新の橋梁技術の概要を中心とするものだった．当時は，構造物の設計はいまだ技術者個々の知識や経験に負うところが大きく，広く一般が参照すべき設計規準である示方書の整備が不十分だった．したがって，設計実務に直接役立つノウハウ的な知識を教授することが，大学の講義の役割として期待されていたのである．じっさい当時の土木工学科の教授陣は，鉄道省，内務省などで実務を豊富に経験してきた技術者が多かった．

ところが田中が講義した「橋梁」は従前のものとは一線を画するものだった．その特徴は，一言でまとめれば，基礎理論の重視と，一般論から各論へ，という体系的性格である．

たとえば，講義は応力とひずみの概念についての解説に始まり，梁の理論，トラスの理論へと進む．そして設計の基本となる荷重と材料，次いで橋梁形式の各論へ，と展開されていく．つまり，一般的な力学原理から構造力学の基礎，さらに橋梁の構造理論へ，すなわち一般理論から個別論へ，という構成である．現代のわれわれにとってはあたりまえのように感じられるかもしれないが，このような構成は，基礎理論の充実があって初めて可能なのであり，少なくとも土木の橋梁工学分野においては，理論に長けた田中によって確立した講義スタイルである．

田中が教授に就任して最初の年の講義を受講した学生の一人は，後年，次のように回想している．

> その頃の大学の講義は，各大学を通じて基礎理論より寧ろ設計や工事に直接役立つ実際面を尊重する講義が多かった．田中先生の講義は，基礎理論に重点を置いて講義をされた．［中略］田中先生は，講義其れ自身よりも，学生が卒業してから更に研究を進め，如何なる深遠な技術書でも理解出来る基礎を与へることを目標にして講義されたのではあるまいか．

先述したように，田中はもともと研究者肌で理論に優れた技術者だった．とくに，当時鋼構造では世界最先端と目されていたドイツの理論や設計に精通していた．復興橋梁とりわけ隅田川の橋梁群の設計においては，ドイツの橋梁技術を参照した痕跡が明らかだが，これも田中の個性が関与した結果とみてまちがいないだろう．田中は帝都復興という実践の機会を得て，理論と実践を兼ね備える技術者として大きく進化したのである．

田中は，東京帝国大学の教授を兼務するようになっても，鉄道省の実務家として精力的に活躍を続けた．鉄道省で先鋭的な構造物を設計するチームのチーフエンジニアとして，多くの優れた鉄道橋を残した．東大土木工学科の長い歴史を通じて見ても，随一のプロフェッサーエンジニア，すなわち学術の研究教育と技術の現場実践を高いレベルで両立させた教授だった．

その田中のもとから，戦後日本の橋梁技術の展開を担う多くの卒業生たちが巣立っていった．関東大震災が東大にもたらしたひとつの貴重な結実である．

参考文献

伊東孝祐ほか（2012）帝都復興院ならびに内務省復興局・復興事務局幹部職員の異動動向．土木史研究講演集，32，335-338．

大沢昌玄・岸井隆幸（2007）関東大震災復興土地区画整理事業における土地先買いと換地を活用した鉄道用地創出．都市計画論文集，42(3)，307-312．

太田圓三（1924）『帝都復興事業に就て』復興局土木部．

田中 豊（1927）隅田川橋梁の型式．土木建築雑誌，6(1)，3-4．

中井 祐（2005）『近代日本の橋梁デザイン思想』東京大学出版会．

平井 敦編（1967）『田中豊博士追想録』東京大学工学部土木工学科橋梁研究室．

復興局土木部橋梁課（1928）『橋梁設計圖集 第二輯』．

復興事務局（1931）『帝都復興事業誌 土木篇上巻』．

昌子住江（1985）震災復興計画の推進体制－帝都復興院をめぐって．第5回土木史研究発表会論文集，257-263．

杢太郎会編（1981）『目で見る木下杢太郎の生涯』緑星社．

コラム5　後藤新平「復興論」

廣井 悠

関東大震災からの復興において，後藤新平は震災を契機とした都市構造の抜本的改造を目指した．後藤が意図した復興計画は，完全な形では実現しなかったものの，江戸の面影を残す東京が近代都市への脱皮を果たしたという点で，帝都復興計画はわが国の都市計画史においてきわめて大きな意味を持つものと考えられる．

1923年9月1日に発生した関東大震災後，復興計画の立案は帝都復興院総裁兼内務大臣の後藤新平を中心に行われた．彼は「焼土の全てを公債の発行により買い上げ，100 m弱の幅員と中央に緑地帯を持つ広大な街路を新しく建設し，整理後にそれらを払い下げる」という，膨大な費用を伴う壮大な復興案を構想した．

ところが，巨額な費用を問題視した財界等の反発や，東京の改造に熱心でない有力者の存在により復興案は修正され，計画が大幅に縮小された．これにより幹線道路の幅員も狭められ，公園や広場は削減され，共同溝構想は廃止された．また非焼失区域での事業実施が見送られたことで，木造密集市街地が形成され，戦時中の空襲被害はもとより，今日にいたるまで道路拡幅など都市整備に甚大な労力がかかることになる．後藤の復興理念は，無秩序でやみくもな市街地の再生産を最大限食い止める「復旧」案でしか実現しなかった，と評されることも多い．

このように後藤の提案した「焼土の買い上げ」は実現しなかったものの，焼失区域では精力的な都市整備が進められた．畦道のまま市街化した近世のまちは，土地区画整理事業によって幅4 m以上の生活道路や上下水道・ガス等のインフラ整備がなされ，またオープンスペースや防災公園が分散的に配置され，不燃化された鉄筋コンクリート製の小学校と震災復興橋梁が並ぶ近代都市へと生まれ変わった．道路建設は無秩序な市街地の再現を恐れ迅速に行われたが，そのさいは従来までの都市建設における道路構造の主流であった格子状道路でなく，自動車の通過交通効率のよい放射環状路が計画・建設された．後藤は後に訪れるモータリゼーション時代を見通しており，この先見性は特筆に値する．都市を復興する上では，被災直後に発生するニーズのみならず，将来の中長期的な都市・社会・生活のありかたを展望する構想力が強く求められるが，これを示唆するエピソードと言える．

第二次世界大戦後，石川栄耀が構想した東京における戦災復興は，安井誠一郎知事やGHQによる緊縮財政などにより「敗戦国に復興は不要」とされ，またも大幅に縮小された．このこともあり，関東大震災後に後藤が意図した復興計画がそのまま成立しなかったことを惜しむ声は今日にいたるまで多い．しかし，震災以前は開拓都市や外国人居留地でしかみられなかった計画的都市建設が，震災を契機として都市構造を抜本的に改造する大々的な計画案とともに明らかにされ，縮小されながらも近世のまちが近代都市へ脱皮する役割を果たした帝都復興計画は，東京を「転換」させるきっかけになったと考えられる．

ところで，この計画は震災後わずか7年で完了している．これほどまでに短期間の復興が可能となったのは，後藤が震災の2年前に「都市計画研究会」や「東京市政調査会」として有能な実務経験者ならびに学者を集め，「8億円計画」といわれる都市整備計画を立案するなど，彼による都市に対する事前の計画理念の蓄積と優秀な人材の育成によるところも大きい．これは後藤による事前の「転換力」を高める取り組みに他ならない．

さて，後藤の時代とは異なり，成長を前提とした都市整備・安全性向上が以前ほど見込めない現代に，人口減少・低成長がますます進むなかで，われわれは復興に備えてどのような都市・社会を展望し，どのように計画理念を蓄積しておけばよいのであろうか．これはなかなかの難題である．関東大震災から100年を契機に，帝都復興計画の現代的意義と人材育成も含めた「21世紀ならではの布石の打ち方」を改めて再考する必要があるのかもしれない．

参考文献

越澤 明（2001）『東京都市計画物語』ちくま学芸文庫．
郷 仙太郎（1997）『小説後藤新平』学陽書房．

13　東京大学キャンパスと関東大震災
――震災後のキャンパスに見る解体と再利用

加藤耕一

13.1　はじめに

東京大学のキャンパスの歴史のなかで，関東大震災こそが，その前後を隔てる最重要契機であったということに，異論を唱える人はいないだろう．

大きな被害を受けたキャンパスは，当時の東京帝国大学営繕課長であり，工学部建築学科教授であった内田祥三による，キャンパス全体のデザインと個別の建物設計に基づき，華々しく復興を遂げた．内田が選択したスクラッチタイルの独特の質感と，ゴシック風の様式デザインに基づく建物デザインは，「内田ゴシック」の名前で現在も親しまれている．それは，関東大震災以前の本郷キャンパスで明治から大正期にかけて建設された，煉瓦造のゴシック風建物の記憶をどこか継承するものでもあった．

13.2　従来，伝えられてきた被害状況

従来，明治・大正期に建設されたキャンパス内の煉瓦造の校舎群の被害状況は，「焼失建物」と「使用不能となった建物」として整理されてきた．

医学部医化学教室から発生した火災は，生理学教室，薬物学教室，図書館，法文経教室，法学部八角講堂などへと延焼しながら北東側へと拡大し，多くの建物に甚大な被害を与えた（写真 13.1；8 章参照）．また工学部本館や理学部本館など，火災の影響がなかった建物でも，地震による大きな揺れの影響で，煉瓦造の壁面の一部で崩落やひびなどの被害が出た．これら大別すると 2 種類の被害が「焼失」と「使用不能」として整理されてきたと言える．

写真 13.1 東京帝国大学図書館および法学部・文学部・医学部の被災状況（東京大学工学系研究科建築学専攻所蔵）

当時の震災被害状況を記録した写真をみると，とくに火災による被害の大きかった医学部系の建物，図書館，法・文学部の建物などでは，木造の屋根がすっかり焼け落ち，煉瓦の壁だけが無惨に建ち続ける様子が確認できる．火災の被害はかくも大きかったのである．1914（大正 3）年に竣工した法学部八角講堂は，木造ではなく鉄骨造のドーム天井と屋根を持つ建物だったが，これも火災の熱のために熔けて焼け落ちてしまった（写真 13.2）．

これに対して火災の被害がなかった工学部本館の被害写真でも，三角破風の煉瓦が崩れ落ちて，屋根を支える木造の小屋組が露出しており，壁の上方にはひび割れも確認できるなど，こちらも大きな被害があったことがわかる（写真 13.4）．ただ，火災の被害を受けた建物に比べれば，その被害は控え目とも言えそうであり，しっかりと補修と補強を行えば，使い続けることもできたかもしれない，と思わせるものである．だが結果的には，火災被害と地震被害のいずれの被災建物群も，震災発生から 15 年ほどのあいだに取り壊され，内田祥三設計による鉄筋コンクリート構造の新たな建物に置き換えられていくことになったのだった．

じつは，大震災の被害状況について伝えられる建物には，もうひとつの類型が存在した．内田祥三が東京帝国大学の営繕課長を委嘱されたのは，震災

写真 13.2 東京帝国大学法学部八角講堂付近の被災状況（東京大学工学系研究科建築学専攻所蔵）

の２年前のことであったが，彼は大正期の日本に導入されていた新技術である鉄筋コンクリート構造を採用し，工学部２号館，工学部列品館，そして大講堂（安田講堂）の建設に着手している．そのうち工学部２号館は，地震発生時におおむね完成していたが，煉瓦造の他の校舎群と比較したとき，ほとんど被害がなかったと伝えられる．この実績こそが，震災後のキャンパス復興を内田が一手に引き受けることになる重要な要因のひとつであった．

こうして関東大震災を契機に，明治・大正期の煉瓦造のキャンパスの時代は終わりを告げ，昭和の鉄筋コンクリート造のキャンパスの時代が幕を開けることになったのだった．

13.3　震災と建物の解体／継承

実際のところ，東大キャンパスに限定するまでもなく，関東大震災は日本の近代建築史における技術の転換と発展を決定づけた巨大災害として，これまでも語られてきた．

日本では明治期の西洋化とともにまず煉瓦造の建物が導入され，しばしば「明治の洋館」などと呼ばれた．大正時代になると耐震構造の研究が発展し，鉄骨煉瓦造の発展，鉄筋コンクリート構造の導入など，建築の新技術が盛んに開発されるようになる．そして大正末期の関東大震災が決定的な契機となって，ついに鉄筋コンクリート時代ともいうべき昭和が到来した，というのが従来の歴史理解であった．

20 世紀的な建築観のなかで，近代の建築史は，技術の発展とともに発展してきたと考えられてきた．それゆえ，被災して傷ついた建物は，新たな技術の建物に置き換えられることで，歴史から退場していったかのように認識されてきたのである．

だが実際のところ，被災した建物は，一様に解体・撤去されたわけではなかった．従来の技術発展に基盤を置く歴史観は，震災時の建物の破壊の度合いや，それに応じた解体と修復，その結果として起こる部分的な継承の取り組みといった，災害後の建物に対する繊細な感受性を，すっかり弱めてしまったと言える．なぜならそうした取り組みは，技術発展の歴史の影で，ほとんど語られてこなかったからである．

だが，たとえば東大キャンパスを少し離れて，東京の街中に目を向けてみると，興味深い事例を見出すことができる．明治末期から大正期にかけて，「今日は帝劇，明日は三越」と謳われた有名なキャッチコピーがある．モダン都市東京の都市文化の中心的な施設であった帝国劇場と三越呉服店（百貨店）の 2 つの施設は，いずれも建築家横河民輔率いる横河工務所が設計した鉄骨煉瓦造を基調とした建物であったが，やはり関東大震災の被害を受けることになる．

これら 2 つの建物は震災の揺れに耐えた．しかし都心を襲った火の手に巻き込まれてしまう．当時の震災の調査報告によれば，帝劇の被害は次のようなものであった．

> 火災ノタメ内部焼失シ鐵骨ノ廻リ舞臺及小屋組等破損墜落ス．震災ニ依ル甚ダシキ龜裂ヲ認メズ[1]．
>
> 震災ニヨル被害ヲ認メズ．火災ニヨリ鐵骨造「ガレリー」小屋組破損墜落ス[2]．

煉瓦造の構造軀体は地震の揺れに耐え，壁に大きなひびが入るようなこと

写真 13.3　帝国劇場の被災状況（東京大学工学系研究科建築学専攻所蔵）

もなかった．しかし火災の被害は甚大であった．鉄骨造のギャラリーと屋根は墜落，劇場内部も焼失したというから，客席や舞台装飾などもすべて失われてしまったのであろう．電動で回転する鉄製の巨大な廻り舞台も大きな被害を受けた．震災後に撮影された写真 13.3 をみても，屋根が落ち，壁だけが残った当時の様子をみてとることができる．

現代の私たちの常識からすれば，ここでこの建物の命運は尽きたと思われるだろう．ところが，驚くべきことに帝劇の建物は，横河工務所の尽力により焼け残った壁を再利用して内部が再生され，震災から約 1 年後の 1924（大正 13）年 10 月 25 日にリニューアルオープンしたのだった．それも仮設的なリニューアルではない．帝国劇場の建物は，この後，1965（昭和 40）年に周辺建物の高層化にあわせた建て替え工事でついに取り壊されるまで，40 年以上にわたって使い続けられたのである．1911（明治 44）年の帝国劇場のオープンから数えれば，じつに 54 年にわたって使われたことになる．

一方，日本橋の三越呉服店（百貨店）は 1914（大正 3）年から 1922（大

1　震災予防評議会（1926）震災予防調査会報告，第 100 号（丙）上，204 頁．
2　震災予防評議会（1926）震災予防調査会報告，第 100 号（丙）下，216 頁．

正 11）年にかけて，段階的に増築を繰り返して巨大化を遂げた建物であった．関東大震災は，当初の本館の竣工の 9 年後，ちょうどこの百貨店建築全体の成長段階が一段落したところを襲ってきた．構造軀体は無事だったが，内部は焼失してしまった．震災翌年から横河工務所による大々的な修築工事が始まる．震災前には東西の 2 分割だった建築全体の構成が，東館・中央館・西館の 3 分割構成に変更され，新たな区画を耐震壁とする構造的な工夫もなされた．このようにして，震災前の構造軀体を利用しながら構造を強化すると同時に，内装・外装を新たに整備して，西館が 1925（大正 14）年，中央館が 1926（昭和元）年に完成し，1927（昭和 2）年に全館竣工となった．

日本橋三越本店は 2016（平成 28）年，この建物が 102 歳のときに国の重要文化財に指定され，現在も使われ続けている．

関東大震災を，技術革新の重要な契機として語ってきた 20 世紀的な近代建築史の影で，こうしてしぶとく生き残ってきた建物たちがいた．震災を契機に起こったことは，古い技術が震災の前に屈して新しい技術に道を譲った，ということばかりではなかった．震災を乗り越えた建物のサバイバルにも技術的な創意工夫がつまっていたし，そうして生き残ってきた建物は，文化的な歴史の蓄積として都市や地域の個性を創り出し，護り続けてきたのである．

じつは震災後の東京大学キャンパスにも，同様の事例を見出すことができる．内田祥三によるキャンパスの震災復興計画は，技術的にも，キャンパス全体のグランドデザインとしても，新時代のキャンパスへの革新を体現するものだったことは間違いない．だが，内田が選択した「ゴシック」デザインは，震災前のキャンパスをデザイン的に継承しようとするものだったとみることが可能である．キャンパスの震災前後には，完全なる「断絶」ばかりでなく，「継承」の側面が存在していた．そのことを，建物の解体と継承の観点からも，確認してみたい．

13.4 キャンパスの復興と建物の解体／継承 1：解体された建物からの部材再利用

本郷キャンパスの御殿下グラウンドの北側の縁では，ゴシック風のアーチが並ぶ運動場の擁壁をみることができる．この場所では，1988（昭和63）年には擁壁の内側に御殿下記念館が整備され，2010（平成22）年には擁壁上部に学生支援センターが整備された．この場所は，多様な時間の重なり合いを視覚的に確認できる本郷キャンパスのなかでも特別な場所のひとつなのである．だが，もっとも興味深いのは，1933（昭和8）年に内田祥三の設計で整備された最初の擁壁である（写真13.5）．この擁壁は，震災後に解体された部材を再利用して作られたものだったからだ．

運動場入口の三連アーチおよびその周囲で用いられた石材の飾りは，もともとは1888（明治21）年に辰野金吾の設計で建設された旧工科大学本館（後に改称し，被災時は工学部本館）の部材であった（写真13.4）．よく観察すると，三連アーチとそれを支持する柱ばかりでなく，隅部の石積みや，軒蛇腹（コーニス）とそれを支える持ち送り（モディリオン）など，さまざまな石材が再利用されていることがわかる．軒蛇腹（コーニス）と持ち送り（モディリオン）は，もともとは2階上部の高さにあったものが，運動場入り口では，三連アーチの直上に置かれるようになっているので，元の建築デザインとは異なる場所に再構成されているわけだが，石材を美しく整形して作られた装飾的要素を上手に再利用・再構成して，この運動場入口がデザインされたことがわかる．またこの三連アーチの入り口部分だけでなく，擁壁の内側に設けられた倉庫等の窓には，旧工科大学本館の校舎の窓枠も再利用された．

震災後に内田によって整備された運動場擁壁は，構造的には鉄筋コンクリートが用いられた．その意味では，やはり新時代の建築技術が用いられた建築であった．しかしそこには，明治の建築を，物質的にもデザイン的にも継承していこうとする強い意志をみてとることができる．辰野金吾の旧工科大学本館は煉瓦造であったから，壁には煉瓦積みが表れていた．それに対して運動場擁壁の方は，鉄筋コンクリートの軀体の表面に煉瓦風のタイルを貼ることで，旧工科大学本館が有していた煉瓦と石材のデザイン的なコントラストも継承している．無理矢理といえば無理矢理なデザインなのだが，言われなければ気づかない，非常に優れたデザインの建築である．

写真 13.4 工学部本館（旧工科大学本館），中庭側ファサードの震災被害状況（東京大学総合研究博物館所蔵）

写真 13.5 運動場正面入口の三連アーチ（内田祥三設計，1933 年）

13.5 キャンパスの復興と建物の解体／継承 2：解体された建物の構造躯体の再利用

次にみるのは，旧法科大学講堂（通称，八角講堂）の再利用である（写真 13.2）．先にみた旧工科大学本館のケースは，バラバラに解体された部材を，直線距離で 400 m ほど離れた地点まで移動して，運動場擁壁というまったく別の建物で再利用した事例であった．それに対して八角講堂の事例は，八角形という特異な形状の建物の基礎（地下階）部分が残されることで，同じ場所に震災後の新しい建築が登場することになったというものである．

震災から 3 年半ほど経過した 1927（昭和 2）年の春先に，現在の法文 1 号館の建設工事が始まった．この 3 年半のあいだに，内田はキャンパス全体の復興計画を立案していたのであろう．法文 1 号館の工事は順調に進み，同年 12 月 27 日の記録写真には，この校舎の西側部分の構造体が完成に近づいて

写真 13.6　東京帝国大学法文経第 1 号館新営工事（1927 年 12 月 27 日撮影：東京大学総合研究博物館所蔵）

いく様子が撮影されている（写真 13.6）．その一方で，建設中の法文 1 号館の東側では，八角講堂の廃墟が手つかずのまま残されている様子が，はっきりと写し出されている．

震災前の本郷キャンパスのなかで，最も象徴的なデザインの建物であった八角講堂は，簡単に壊してしまうには惜しい建築だったのだろう．帝国劇場の事例でみたように，震災後の火災の被害により煉瓦造の壁体だけが残ったような場合でも，そこから建築を再生することは可能であった．内田は八角講堂を再生しようと考えていたのだろうか．

同じ日付の写真がもう 1 枚ある．こちらは，法文 1 号館の南側，法文 2 号館の建設現場を写したものである（写真 13.7）．ここでは八角講堂の平面を引き写したような形状で，しかしまったくの新築で建設された建物が姿をあらわしつつある．ただし八角講堂とは異なり，独立した完全な八角形ではなく，八角形の半分と，長方形平面の建物が接続されたような形状となった．この写真では，基礎工事が完了し，そこから上部の建物のための鉄骨の骨組みが立ち上がっていく様子をみてとることができる．

すなわち 1927（昭和 2）年の時点で，旧八角講堂の遺構と新しい法文 2 号

写真 13.7 東京帝国大学法文経第 2 号館新営工事（1927 年 12 月 27 日撮影；東京大学総合研究博物館所蔵）

館の八角形モチーフのデザインが，安田講堂と正門を結ぶ銀杏並木を軸線として左右対称に向かい合う配置が生まれようとしていた．この後も工事は順調に進み，翌 1928（昭和 3）年の夏から秋にかけて，法文 1 号館の西側部分と法文 2 号館の東側部分が完成する．法文 1 号館の大アーケードが完成したのも，この夏のことであった[3]．

しかし同じ 1928（昭和 3）年の夏，ついに八角講堂の取り壊しが始まる．ただし取り壊しは地上部のみで，地下部分は残された．地下部分を新たな建物の基礎構造として活用し，法文 2 号館とデザインを揃えた建物が上部に建設される計画であった．こうして八角講堂の塔のようにそびえ立つ壁構造は，ついに失われてしまった．しかしその地下部分は，関東大震災を越えて，今日にいたるまで生き続けることになったのである．

当時のキャンパスの建物の建設状況は，1930（昭和 5）年の『東京帝国大学一覧』に掲載された「東京帝国大学本部構内其他建物配置図」にも，よく

3　法文 2 号館側では，まだ大アーケード部分を含む西側部分の建設が始まっていなかった．

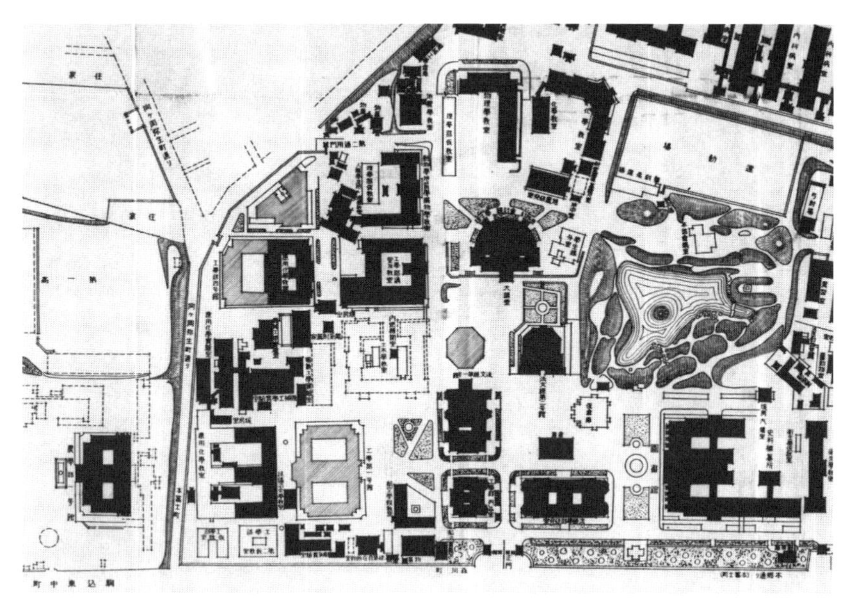

図 13.1 『東京帝国大学一覧』昭和 5 年版より「東京帝国大学本部構内其他建物配置図」(1930（昭和 5）年 3 月 31 日現在)

表れている（図 13.1）．この時点で八角講堂の地上部分はすでに解体され，地下部分が残るのみであったが，配置図には八角形の輪郭がしっかりと描かれている．その西側（配置図では下側）では，八角形から少し離れて，すでに完成した法文 1 号館（配置図中では法文経第 1 号館）の西側部分が確認できる．また，地下部分だけとなった八角講堂の南側（配置図では右側）では，法文 2 号館（同，法文経第 2 号館）の東側部分が完成している．

1928（昭和 3）年に完成した法文 1 号館の西側部分と，八角講堂の地下部分を連結させる工事が始まったのは，それから 3 年後の 1931（昭和 6）年のことであった．この年の春から夏にかけて，両者をつなぐための準備の工事が始まる．少し離れて建つ 2 つの建物のあいだの地盤工事が始まり，また法文 1 号館西側部分では，東側へと増築するための準備が進められた．

しかし本格的な工事が始まったのは，さらに 2 年後の 1933（昭和 8）年のことであった．八角講堂の地下部分は，鉄筋コンクリートで蓋をされ，上部構造のための基礎構造となった．その上に鉄骨と鉄筋コンクリートで骨組みが組まれ，法文２号館の東端部分とデザインを揃えた建築が生まれることになったのである．

法文１号館が完成したのは1935（昭和10）年の春のことであった．建設には２年程度要しており，同じデザインの法文２号館が１年程度で完成したことと比べると，建設に時間を要したようにもみえる．それは単純に，キャンパス内で続々と進められる他の多くの建設工事もあって忙しかったためかもしれないが，既存部分と新築部分を丁寧に繋ぎ合わせるような建設工事には，それなりの大変さもあったということかもしれない．

だがこうした努力の末，ついに八角講堂の地下部分を再利用して，新しい建物に組み込む建設工事が完了した．現代の私たちが，こうした経緯を知らずにみても，震災を乗り越えてサバイバルした八角講堂の地下部分の存在に，すぐには気づかないかもしれない．だが，もっと近づいて建物の周囲に設けられたドライエリアの半地下を覗き込んでみれば，そこには，上部の内田ゴシックの窓とは異なるデザインのアーチ窓が並んでいるのを確認できる．これこそが八角講堂の生き残りを示す，貴重な生き証人なのである．

13.6　おわりに

本章で論じたのは，震災と建物の復興の問題であった．大きな災害が私たちを襲ったとき，安全・安心の確保，早期の復旧・復興はきわめて重要な課題であり，そのためには最先端技術が有効なのは言うまでもない．従来の近代建築史で語られてきた，関東大震災を契機に被災した煉瓦造の建物が解体・撤去され，鉄筋コンクリート造の新しい建物へと技術的なアップデートが行われたという歴史観は，まさにそうした観点から歴史を捉えてきたものであった．

それに対して本章では，東京大学キャンパスの復興のプロセスのなかに，これまで見落とされてきたもうひとつの側面を見出した．大きな災害によって，地域の歴史やアイデンティティが危機に瀕したときに，建築や都市に何ができるのか，という観点である．

内田祥三は，東京大学のキャンパスの復興計画のなかで，その両面に目配りしていたと言えるだろう．そもそも彼が「ゴシック」というスタイルを採用したことも，明治大正期のキャンパスをデザイン的に継承しようとしたものであったと言える．たしかに，震災前にすでに建設が進められていた工学部2号館の入口にも，ゴシック風の尖頭アーチがみられる．だが，このアーチには様式的な柱頭彫刻がなく，曲線だけで構成された抽象的なデザインとなっている．それはゴシックというよりは，当時のモダンで表現主義的なデザインであった．それに対して震災後に内田がデザインした建物では，正統的なゴシック様式に接近し，「内田ゴシック」と呼ぶに相応しいものになる．すでにモダニズムの時代に突入していた建築界全体からみれば，それは前時代的なデザインへの回帰であり，時代遅れのデザインとも呼びうるものだったのである．

しかし内田にとって，そのようなデザイン的な回帰によって前時代を継承することこそが重要だったのである．それに加えて，解体された建物の構造体や建築部材を，物質的にも継承していたという事実が，本章で注目したことであった．その解体と再利用における重要な論点として，最後に時間の観点について触れておきたい．

繰り返しになるが，被災後に日常を取り戻すためには，できる限り早期の復旧・復興が必要である．一方，被災した建物の構造体や部材を再利用しようと思った場合，そこでは一歩立ち止まって，少し時間をかけることが重要となる．そこには相反する2つの時間感覚が存在すると言えるだろう．

東大キャンパスの事例でも，工学部本館の校舎が取り壊されてから，御殿下運動場でアーチや装飾部材が再利用されるまで，少なくとも3年程度の空白の時間があった．3年のあいだ，部材がどこで保管されていたかは不明である．だが内田は，工学部本館の解体のさいにこれらの美しい部材をどこかで活用できるかもしれないと考え，丁寧に解体・保管して，使えるチャンスを探っていたわけである[4]．御殿下運動場擁壁の整備が始まったのは1932（昭和7）年の8月のことであり，翌1933（昭和8）年の4月には完成している．内部に物置や便所を備えただけの簡単な構造物だったとはいえ，わずか8カ月程度で完成したというのは，かなりのスピード工事であった．その突貫工事のなかで，工学部本館の装飾的部材を再利用することで，存在感のある立派なモニュメントができあがったわけである．

八角講堂の地下部分が再利用されたケースは，さらに長い時間軸のなかでの計画であった．そもそも八角講堂の焼け跡は震災から5年ものあいだ，1928（昭和3）年の夏まで，手つかずのまま放置されていた．その間，1927（昭和2）年から1928（昭和3）年にかけて，1年半ほどの期間で，八角講堂のすぐ隣で法文1号館西側部分，法文2号館東側部分の建設が進められた．この迅速な対応は，大学としての機能を早期に復旧する上で，重要なことだったに違いない．そうして大学の活動を再開するためのスペースを早期に確保した上で，そこからさらに6年ほどの時間をかけながら，八角講堂の地下部分を基礎構造として再利用する工事が進められたわけである．

内田祥三による東京大学キャンパスの震災復興計画が成功し，今日の東京大学のキャンパス空間の礎となった背景として3つの要因をあげることができる．ひとつはグランドデザインの存在である．内田はキャンパス内に主要な軸線を設定し，スクラッチタイルとゴシックモチーフの統一的なデザインの建物群を配置していった．2点目は，鉄骨鉄筋コンクリートという最先端技術を用い，早期の震災復興を実現すると同時に，関東大震災から100年が経過した今日もなお，構造的には何の心配もないと言われるような頑丈な建築を作りあげたことである．それに加えて3点目が，歴史の継承であった．大災害を契機にキャンパスの歴史と伝統をリセットしてしまうのでなく，デザイン的にも物質的にも継承していく努力と工夫をしたことが，東京大学の強いアイデンティティを残してくれたと言えるだろう．

4　内田祥三・村松貞次郎（2003）内田祥三談話速記録（三）．東京大学史紀要，東京大学文書館，第21号，76頁．

14　“ストック”された震災写真のカラー化と“フロー”の生成

渡邉英徳

14.1　はじめに

AIによって生成されるコンテンツの進化と急増は，あたかも鏡像のように，人間によって作成されたオーセンティックな資料の重要性を高めている．こうしたヒト由来のオーセンティックな資料をデジタルアーカイブ化し，社会に“ストック”しておくことは急務と言える．さらに，ポストコロナ時代においては，ウェブ空間だけでなく実空間におけるコミュニケーションの重要性が増している．実空間でのデジタルアーカイブ展示は，実空間ならではの豊かな対話の場＝“フロー”を生み出すだろう．この“フロー”が，展示空間を超えて社会全体に滲み込んでいき，資料として“ストック”されていた貴重な知見・記憶，未来に受け継がれていく．

筆者らは，このコンセプトに基づき，AIやデジタルツインなどの先端技術を活用しながら“ストック”された記録を“フロー”化する実践を進めてきた（図15.1）．このたび，大正大震災から100年を迎えるにあたり，社会に“ストック”されてきた貴重な記録写真をカラー化（写真14.1〜14.3）し，実展示を通して，資料と1世紀前の災害にまつわる“フロー”を生み出す試みを展開した．本章ではこの実践について述べる．

14.2　“ストック”された資料の“フロー”化

AI生成コンテンツと「ヒト」が作成した資料の対比

近年，生成AIは文章，画像，映像の生成において進化し，人間が作成し

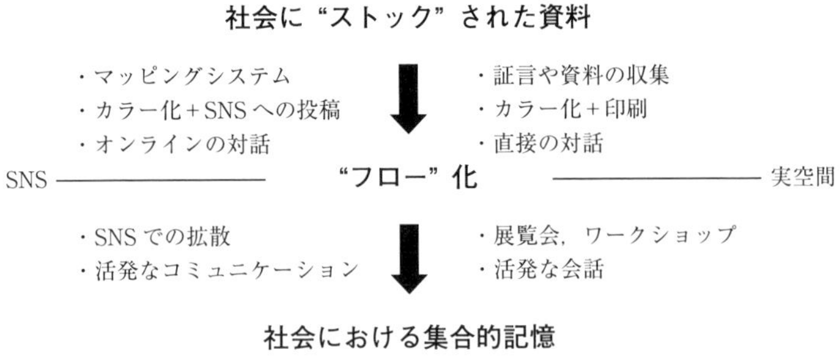

社会に“ストック”された資料

・マッピングシステム
・カラー化＋SNSへの投稿
・オンラインの対話

・証言や資料の収集
・カラー化＋印刷
・直接の対話

SNS ―――――― “フロー”化 ―――――― 実空間

・SNSでの拡散
・活発なコミュニケーション

・展覧会，ワークショップ
・活発な会話

社会における集合的記憶

図 14.1 “ストック”された資料の“フロー”化

たものと見分けがつかないレベルに達しており，オーセンティシティ，著作権，プライバシー，倫理などの問題を引き起こしつつある．さらに，AI生成コンテンツはネットを通じて拡散し，フェイクニュースの形成や人々の行動変容を引き起こす可能性があり，事実に基づいた情報の重要性がかつてないほどに高まっている（工藤，2018）．AIによるコンテンツを識別する方法は存在するが，その精度や普及には限界があり，AIの急激な進化とイタチごっこの状況にある．

こうした状況においては，「ヒト」によって作成された資料の信憑性・価値がより一層重要になる．人間の創造性，経験，意図が反映された資料は，AI生成コンテンツにはない独自の価値を持つ．このように，AI技術の発展に伴い，人間によるオーセンティックな資料の重要性は増している．これは，情報の信頼性，歴史的価値，文化的意義を守るために不可欠と言える．

こうしたなか重要となってくるのは，これらの「ヒト」によって作成された資料が散逸することなく，デジタルアーカイブ化されることである．アーカイブ化は，これらの貴重な資料を将来にわたって保存し，アクセス可能にするための必要不可欠な手段である．しかし，単にアーカイブ化するだけでは不十分である．資料がアーカイブされたとしても，それを適切に活用し，人々にリーチさせるための工夫が求められる．その際に，情報とコミュニケーションの相互作用を通じて情報の価値を高める“フロー”のコンセプトを活かすことができる．

“フロー”化による情報価値の向上

ケヴィン・ケリーが提唱する“フロー”の概念（Baber, 2010）は，情報とコミュニケーションの相互作用を通じて情報の価値を高めるというものである．“フロー”は，コンテンツとユーザー間の相互作用を通じて形成され，この相互作用がコミュニケーションの深度と質を決定する．たとえば，ソーシャルメディアユーザーがコンテンツに関与する際には，“フロー”がユーザー体験に影響を与え，結果として肯定的な態度や行動を引き出す（Kim *et al.*, 2019）．また，“フロー”は情報の洪水において意思決定者にとって価値ある情報を選び出すプロセスに関与する（Roetzel, 2019）．“フロー”から得られる情報が意思決定者の洞察や理解を深めるさいに，その情報には高い価値があるとされる．

つまり“フロー”とは，コンテンツから創発するコミュニケーションが情報の価値を高めるメカニズムのことである．このメカニズムにおける相互作用を通じて，情報はより有用なものとなり，影響力を備え，その価値が増大する．

デジタルアーカイブ×展示から生まれる“フロー”

筆者はここまでに述べた“フロー”化のコンセプトを活かし，「多元的デジタルアーカイブズ」（渡邉ほか，2011），「記憶の解凍（Rebooting Memories）」（Niwata & Watanave, 2019）をはじめとする，社会に“ストック”されているデジタルアーカイブ資料を“フロー”化する実践を続けている．これらの実践の狙いは，テクノロジーを用いて時空間を攪拌し，過去のできごとと現在のできごとを合流させ，自分ごととして感じてもらうことである．

こうした実践は，とくにコロナ禍におけるリモート環境に親和性があったとも言える．誰もがいながらにして画面越しにコンテンツに触れ，対話することに違和感がなくなり，コミュニケーションが創発しやすくなった．しかしポストコロナ時代を迎え，状況は激変した．対面でのコミュニケーションに立ち戻った私たちは，実空間が持つ力を再認識しつつある．実空間の持つ情報量と誘引力，何よりも，コミュニケーションを生み出す力については言うまでもないだろう．

また，実展示は鑑賞者の生活空間にシームレスにつながり，生み出された“フロー”は社会全体へと滲み込んでいく．この点は，スクリーンの向こう側で生み出される“フロー”にはない特性である．デジタルアーカイブと実展示の組み合わせによって，この特性を活かし，時空間を撹拌して未来の社会へと流し込む，力強い“フロー”を生み出すことが可能になる．

今回の実践では，大正大震災当時に撮影されたモノクロ写真をカラー化し，実展示を通した“フロー”の生成を試みた．

14.3　古写真のカラー化

カラー化の意義と効果

> 被写体が備えていたはずの色彩を可視化することによって，白黒写真の凍りついた印象が解かされ，鑑賞者は，写し込まれているできごとをイメージしやすくなる．このことは，過去のできごとと現在の日常との心理的な距離を近づけ，鑑賞者どうしの対話を誘発する．つまり，白黒写真をカラー化することで“フロー”が生成しやすくなるのである．この“フロー”においては，活発なコミュニケーションが創発し，情報の価値が高められる．その結果として，貴重な資料とできごとの記憶が，未来に継承されていくことになる．（渡邉・庭田，2019）

古写真のカラー化は，白黒やセピアで撮影された写真に色を付加しつつ，現代の視点でそれらを再解釈する行為とも言える．近年，急速に発達したAI 技術を用いた自動カラー化は，資料の新たな解釈と利用の可能性を示している．

白黒写真は，過去のできごとの貴重な記録となる一方，そのモノクロームの印象はときに，現代の鑑賞者にとって認知負荷が高く，時代の隔たりを感じさせる要因ともなり得る．この問題を回避するために，白黒写真をカラー化する AI 技術が注目されている．白黒写真をカラー化することにより，日常生活で頻繁に遭遇するカラー写真の印象に近づけ，過去のできごとや人々を「生きた歴史」「地続きの存在」として，より身近に感じさせることができる．カラー化写真は，歴史上の瞬間を，現代の鑑賞者によりリアルに伝えるのだ．

たとえば，戦時中の写真をカラー化することによって，その時代の苦悩や緊張感がより直感的に伝わり，歴史に対する理解を深める可能性がある（庭田・渡邉，2020）．同様に，学校での歴史教育において，カラー化された写真は重要な教材となり得る（文部科学省，2024）．若年層にとって，カラー写真はより身近で理解しやすいものであり，歴史の事実や事件に色を加えることで，その時代の社会や文化についての興味を喚起する．児童生徒はカラー化された写真を通じて，歴史に対してより強い関心を持つようになるだろう．

このように，白黒写真のカラー化は，歴史的資料の備える価値を，新しい世代に親しみやすく伝える手段として機能しつつある．また，長期にわたって保存されてきた古写真は，時間の経過に伴う劣化・損傷のリスクに晒されているが，これをデジタルアーカイブ化することで解決できる．さらにカラー化することによって，人々に実感を伴って伝えることができる．

さらにカラー化された写真は，歴史家や研究者に新たな視点を提供することもある．色彩の情報が加わることによって，写真に写し込まれた当時の服装，建築，日常生活などのディテールに目が向きやすくなるのだ．そこから新たな議論・対話が生まれることになる．

ここまでに述べたように，白黒写真のカラー化は，“ストック”された資料を“フロー”化するための有効な手段と言える．

AI による下色つけ・手動による色補正

> カラー化された写真の色彩は「実際の」色彩とは異なります．できる限りの「再現」を目指していますが，まだまだ不完全です．私たちは「過去の色彩の記憶をたどる旅」を，日々続けています．おそらく，永遠に終わらない旅です．（文部科学省，2024）

AI は手着彩に比べて，大量の画像を速やかにカラー化することができる．しかし，AI による着色は，必ずしも実際の事実を正確に反映しているとは限らない．自動カラー化の結果は基本的に「下色つけ」として位置づけ，資料や専門家の検証，関係者の証言などをもとに手動で「色調整」を加えることが肝要である．

さらに，そのような手順を踏んでカラー化された写真も，対象に対するひとつの見方に過ぎず，その色彩が歴史的事実として完全に認められるわけではない．カラー化は創造的な作業であり，作者によっていろいろな解釈と結果が生じることがある．したがって，カラー化された写真は特定の視角からの表現に過ぎず，その色彩が絶対的なものでないことを踏まえておきたい．

この色補正プロセスにおいて，たとえば，当時の服装や建物の色に関する資料，当時の画家による絵画などから得られる情報をもとにして，できるかぎり正確な色彩を再現していく．このさい，単にそれらしい色をつけるだけではなく，その時代の文化的，社会的背景を考慮に入れつつ，色を推測し，選択していくことが求められる．したがってこの工程においては，さまざまな対話と議論を生み出す，新たな“フロー”も生成されることになる．この“フロー”化の詳細については，筆者らによる論文（Niwata & Watanave, 2019）を参照いただきたい．

AIに色補正結果を学習させ，カラー化の精度を向上させることもできるだろう．過去のカラー化された写真や歴史的資料からのフィードバックがモデルに組み込まれることで，より正確でリアルな色の再現が可能になるかも知れない．しかし，筆者は「手動による色補正」において，ヒトが主体となって生み出す新たな知見・生成される“フロー”を重視し，AIに再学習させる手法は用いていない．過去について学ぶ主体はヒトであり，AIではないと考えるからである．

ここまでに述べたように，カラー化された古写真とそのプロセスは，過去への新しい窓を開き，歴史をより豊かで多様な視点から理解する機会を提供する．今後，こうしたカラー化写真は歴史的研究，教育，そして文化遺産の保存において重要な役割を果たしていくだろう．

14.4　大正大震災当時の写真のカラー化と実展示

カラー化写真制作

筆者らは，大正大震災から100年を迎えるにあたり，社会に“ストック”されてきた貴重な記録写真をカラー化し，国立科学博物館「関東大震災100年企画展「震災からのあゆみ」」における実展示を通して，1世紀前の災害について，人々の対話を生み出す試みを展開した．

カラー化の対象は，国立科学博物館に所蔵（＝“ストック”）されていたガラス乾板写真である．非常に高精細な資料であり，被災状況や当時の時代背景・風俗を伝える，さまざまなディテールが写し込まれている（写真14.1～14.3）．実展示向けの，印刷解像度のカラー化写真を作成するために最適な素材である．また，色補正の段階において，博物館に在籍する専門家の考証を得られるというメリットもある．

前節で述べたように，カラー化の初期段階としてAIによる自動カラー化を施す．今回は，Webサービス「Palette」[1]を用いた．現在，多種多様なAIカラー化サービスが利用可能になっている．そのうち「Palette」は，とくに衣服の色彩のバリエーションが豊かであり，プロンプトを用いた色彩調整も可能である．さまざまな主題の写真をカラー化するために適していることから，本サービスを用いた．

写真14.4に自動カラー化の結果を示す．おおむね自然に着彩されているものの，衣服・傘の色がグラデーションになっているなど，当時の状況とは異なっている．また，AIが判別しなかった人物の肌はグレーのままで残されているなど，随所に不自然な点がみられる．そこで，Photoshopを用いて，手動による色補正を施した．色補正の作業においては，江戸東京博物館デジタルアーカイブズに収蔵されている「幻灯種板」[2]（写真14.5）などの資料を基に，可能な限り当時の色彩に近づけていった．

1　Emil Wallner. Pallete, https://palette.fm/［2023年12月31日閲覧］
2　江戸東京博物館．幻灯種板．江戸東京博物館デジタルアーカイブズ，https://www.edohakuarchives.jp/detail-85.html［2023年12月31日閲覧］

写真 14.1　大正大震災翌年の浅草・仲見世（元写真・カラー化写真）（写真所蔵：国立科学博物館）

写真 14.2　大正大震災直後の東京帝国大学・八角講堂（元写真・カラー化写真）（写真所蔵：国立科学博物館）

写真 14.3　大正大震災発災直後の日比谷の避難民（元写真・カラー化写真）（写真所蔵：国立科学博物館）

写真 14.4　AI による自動カラー化結果

写真 14.5　当時の色彩を伝える「幻灯種板」（出典：江戸東京博物館デジタルアーカイブズ）

写真 14.6　色補正の結果

手動による色補正には，相応の時間と労力を要する．とくに，この「浅草復興」写真には，多数の人物・建物が含まれており，それぞれの色彩を当時の資料に基づいて推測し，修正する必要があった．細部にわたる検討と修正作業が必要だったため，完成までには約3カ月を要した（写真14.6）．

この写真のカラー化の過程や，カラー化の意義については，テレビ報道[3]で紹介されているので参照されたい．最終的に，実展示に向けて9点の写真をカラー化した．

実展示

国立科学博物館，および東京都「復興まちづくり展示会 東京復興のあゆみ」[4]にて，前項で説明したカラー化写真を展示した（写真14.7）．両会場の連携により，歴史的な瞬間をより広い視野で捉えることが可能になった．展示の目的は，来場者に対して過去の生活や文化をより身近に感じさせることにあった．加えて，当時の資料をストーリーテリング・コンテンツ化し，大型ディスプレイに上映する展示も行った[5]．

展示には23万人以上の来場者が訪れた．来場者は，カラー化された関東大震災直後の情景に，深い興味を示した．カラー化によって，過去の風景や人々の生活がリアルに感じられたという感想が多くみられた．たとえば「100年前にもさまざまな色の衣服があった」という驚きや，「炎が着色されることで火災のリアルさが増した」といったコメントが目立った．これらの感想は，カラー化によって白黒写真の印象が変化し，歴史上のできごとを捉えた資料を，現代の視点で再解釈する手段となったことを示している．

3　ANNnewsWatch．被災直後の「街」写真　AIでカラー化し次世代に「防災」伝える（2023年9月1日），https://www.youtube.com/watch?v=D6Kb02DCkHc［2023年12月31日閲覧］

4　東京都．復興まちづくり展示会の開催！「東京復興のあゆみ　未来を見据えたまちづくり」，https://www.metro.tokyo.lg.jp/tosei/hodohappyo/press/2023/06/01/12.html［2023年12月31日閲覧］

5　美術展ナビ．**【開幕】**関東大震災100年企画展「震災からのあゆみ－未来へつなげる科学技術－」国立科学博物館で11月26日まで，https://artexhibition.jp/topics/news/20230901-AEJ1566535/［2023年12月31日閲覧］

写真 14.7　国立科学博物館での展示風景

国立科学博物館の展示責任者はこう述べている：

> これらの展示を見た来場者の中には，思わず涙ぐんでいる方，じっと長い時間見入っている方が多いことが印象的であった．来場者の方が，それぞれ感じた思いを未来につないでくれたら幸いである．（室谷，2024）

また，筆者がカラー化写真を SNS で発信したところ，写真のビフォー・アフターの比較や，被写体についての議論が活発に行われた．カラー化写真は，ウェブ空間においても大きな“フロー”を生み出した．

14.5　おわりに

筆者らは，大正大震災から 100 年を迎えるにあたり，社会に“ストック”されてきた貴重な記録写真をカラー化し，実展示を通して，資料と 1 世紀前の災害にまつわる“フロー”を生み出す試みを展開した．

展示には 23 万人以上の来場者が訪れた．来場者は，カラー化された関東大震災直後の情景に，深い興味を示した．カラー化によって，過去の風景や人々の生活がリアルに感じられたという感想が多くみられた．また，筆者がカラー化写真を SNS で発信したところ，写真のビフォー・アフターの比較や，被写体についての議論が活発に行われた．これは，カラー化写真が実空間・ウェブ空間において，大きな“フロー”を生み出したことを示している．

この“フロー”は，展示空間・会期を超えて社会全体に滲み込んでいき，“ストック”されていた貴重な知見が，未来に受け継がれていくだろう．

大正大震災から100年，激甚災害は多発し続けている．過去の災いの記憶を，近い将来に起きるあらたな災害への対応に活かすために，今後もこうした実践を続けていきたい．

註：本章には，デジタルアーカイブ学会誌（2024）8(1)，3-5に掲載された，筆者による論考「デジタルアーカイブと実展示：時空間を攪拌し“フロー”化する空間」の一部を改稿して用いている．

参考文献

工藤郁子（2018）人工知能と報道倫理：「フェイクニュース」を中心として．第32回（2018年度）人工知能学会全国大会論文集，セッションID: 3H2-OS-25b-03，人工知能学会．

庭田杏珠・渡邉英徳（2020）『AIとカラー化した写真でよみがえる戦前・戦争』光文社．

室谷智子（2024）博物館で災害をどう伝え，どう残すか：関東大震災を例に．デジタルアーカイブ学会誌，8(1)，11-14．

文部科学省（2024）令和6年度版『小学社会6』教育出版（筆者が写真カラー化監修を担当）

渡邉英徳ほか（2011）“Nagasaki Archive”：事象の多面的・総合的な理解を促す多元的デジタルアーカイブズ．日本バーチャルリアリティ学会論文誌，16(3)，497-505．

渡邉英徳・庭田杏珠（2019）「記憶の解凍」：カラー化写真をもとにした“フロー”の生成と記憶の継承．デジタルアーカイブ学会誌，3(3)，317-323．

Baber, Z. (2010) Society: The rise of the ‘technium’. *Nature*, 468, 372-373.

Kim, B. et al. (2019) Online Engagement Among Restaurant Customers: The Importance of Enhancing Flow for Social Media Users. *J. Hospitality Tourism Res.*, 44. 109634801988720. 10.1177/ 1096348019887202.

Niwata, A. & Watanave, H. (2019) “Rebooting memories”:creating “flow” and inheriting memories from colorized photographs. In SIGGRAPH ASIA Art Gallery/Art Papers (SA’19). Association for Computing Machinery, New York, NY, USA, Article 4, 1-12. doi: 10.1145/3354918.3361904

Roetzel, P. G. (2019) Information overload in the information age: a review of the literature from business administration, business psychology, and related disciplines with a bibliometric approach and framework development. *Bus. Res.*, 12, 479-522. doi:

10.1007/s40685-018-0069-z
X（Twitter）「カラー化関東大震災 from：hwtnv」検索結果 https://twitter.com/search?q=%E3%82%AB%E3%83%A9%E3%83%BC%E5%8C%96%20%E9%96%A2%E6%9D%B1%E5%A4%A7%E9%9C%87%E7%81%BD%20from%3Ahwtnv&src=typeahead_click&f=live［2023年12月31日閲覧］

コラム6　首都直下地震の啓発コンテンツのあり方

安本真也

東京は関東大震災以降，大きな地震を経験していない．そうしたなかで，いつ襲ってくるかわからない首都直下地震に対して，日頃から住民一人ひとりが備えることは急務である．では，備えを促進するための呼びかけには何が必要か．

現在，災害にあった人がその災害の様子を撮影することも容易になり，フィクションとして映像制作にVFXやさまざまな映像技法を用いることも容易になった．またYouTubeなどの動画配信プラットフォームやスマートフォンの普及など，映像コンテンツをさまざまな手段で共有することも可能になってきた．そのため，多くの人が地震による被害を，視覚的にもイメージしやすくなってきている．

こうした地震による被害の様子をイメージすることの重要性は多くの研究において述べられている．だが，具体的にはどのような映像コンテンツがどのように人々の地震への備えにつながるのか，防災啓発において有効かまで，明らかとはなっていない．そこで，内閣府が2013年公表した首都直下地震の被害想定を基に，NHKが映像化を行ったドラマ『パラレル東京』が放映された後，これを題材として，アンケート調査を実施し，効果を分析した．

結果，このドラマでテーマとされていた8つのリスク事象すべてについて，番組視聴前よりも自分が被害にあうと思う確率があがっていた．そして，群集雪崩や将棋倒しに巻き込まれること，大規模な延焼火災に巻き込まれること，工場や建物の爆発被害に巻き込まれること，土砂災害に巻き込まれることの4つの事象については，3カ月が経過しても，自分が被害にあうと思う確率が番組視聴前よりも高かった．つまり，被害をイメージしやすくなっていた．一方，それ以外のデマ・流言にまどわされること，電話がつながらなくなること，メールやLINE・Twitter（現X）が使えなくなること，エレベーター内に閉じ込められることの4つの事象について，自分が被害にあうと思う確率は，3カ月が経過すると，番組視聴前の状態に戻っていた（詳細は安本ほか，2022）．

では，なぜこの4つの事象だけであったのか．Slovic（1987）の研究を基に，都民に対して別途，アンケート調査を実施し，8つのリスク事象すべての認知地図を作成した．これらのリスク事象について，心理的にどのような特徴を持つかを分析した．結果，前述の4つのリスク事象はいずれも，「恐ろしさ」因子の値が大きい結果が得られ，それ以外は比較的，低い傾向がみられた（図1）．つまり，元々，首都直下地震に関するリスクとして感情的に，恐ろしいと考えられていた事象を，『パラレル東京』が刺激したと考えられる．恐怖という感情面に訴えかけた結果，首都直下地震発生時の被害に関するイメージが3カ月にわたって残り，自分が被害にあうと思う人が増加したと考えられる．つまり，首都直下地震の啓発コンテンツとして，恐怖感情を刺激することが有効である可能性が示唆された．

強い恐怖感情は長続きせずに忘れられてしまうため，怖がらせるような備えへの呼びかけは「脅しの防災」に過ぎず，意味がないとする考えが一般的である（片田，2012など）．だが，映像を用いて恐怖感情を喚起することが，地震防災において重要である可能性も無視できない．現代では映像のアーカイブ化などがさまざまなところで進んでいる．だが，アーカイブとすることが目的化しており，どのような映像コンテンツがどのように防災啓発において有効かまで，明らかとなってはいない．今後は，映像のアーカイブ化が進む関東大震災の教訓を活かすという点からも，こうした恐怖感情など心理的側面に着目した防災啓発手法についても研究を進める必要があるだろう．

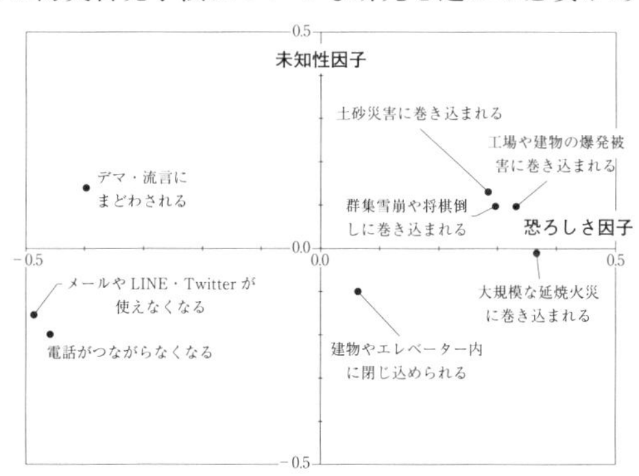

図1　首都直下地震に関する都民のリスクの認知マップ

参考文献

片田敏孝（2012）『人が死なない防災』集英社．

Slovic, P. (1987) Percrption of risk. *Science*, 236, 280-285.

安本真也ほか（2022）首都直下地震に関する映像による認知の変化―パネル調査を用いたドラマ「パラレル東京」の効果分析．災害情報，20(1)，123-136.

事項索引

人名索引

執筆者一覧

編者

目黒公郎　　東京大学大学院情報学環長，同学際情報学府長・教授

執筆者（五十音順）

赤川 学　　東京大学大学院人文社会系研究科教授
飯高 隆　　東京大学大学院情報学環総合防災情報研究センター教授
加藤耕一　　東京大学大学院工学系研究科教授，同キャンパス計画室長
加藤孝明　　東京大学生産技術研究所教授，同社会科学研究所特任教授
楠 浩一　　東京大学地震研究所教授
佐竹健治　　東京大学名誉教授
佐藤健二　　東京大学執行役・副学長，同文書館長，同百五十年史編纂室長
鈴木晃仁　　東京大学大学院人文社会系研究科教授
鈴木 淳　　東京大学大学院人文社会系研究科教授
関谷直也　　東京大学大学院情報学環総合防災情報研究センター長・教授
東畑郁生　　関東学院大学客員教授，東京大学名誉教授
中井 祐　　東京大学大学院工学系研究科教授
廣井 悠　　東京大学先端科学技術研究センター教授
三宅弘恵　　東京大学地震研究所准教授
安本真也　　東京大学大学院情報学環総合防災情報研究センター特任助教
渡邉英徳　　東京大学大学院情報学環教授

東京大学大学院情報学環総合防災情報研究センター（CIDIR）

2008年4月に東京大学大学院情報学環，地震研究所，生産技術研究所の連携によって設立された文理融合型の研究機関．情報を核に災害科学と防災対策の推進のための研究と教育活動を進めている．

写真 11.1〜11.3：国立映画アーカイブ提供．

東京大学大学院情報学環総合防災情報研究センター叢書 1

関東大震災と東京大学——教訓を首都直下地震対策に活かす

2024 年 12 月 20 日　初　版

［検印廃止］

編　者　目黒公郎

監　修　東京大学大学院情報学環総合防災情報研究センター

発行所　一般財団法人　東京大学出版会

代表者　吉見俊哉

153-0041　東京都目黒区駒場 4-5-29
電話 03-6407-1069　FAX 03-6407-1991
振替 00160-6-59964

印刷所　大日本法令印刷株式会社

製本所　誠製本株式会社

ISBN 978-4-13-066714-2　Printed in Japan

東京大学大学院情報学環総合防災情報研究センター叢書の刊行にあたって

東京大学大学院情報学環総合防災情報研究センター（CIDIR）は，東京大学大学院情報学環，地震研究所，生産技術研究所3部局の連携により，平成20年4月1日に設立された．全学の教育・研究を連環させる情報学環・学際情報学府の理念に照らし，学内外，国内外で防災・災害情報の学際研究・連携研究を進めるセンターとして，大規模災害の軽減に資する総合的な「災害情報研究」を領域として確立すべく活動している．

東京大学では，100年前の関東大震災を機に地震研究所が設立され，50年前の東海地震説を機に新聞研究所・社会情報研究所において社会科学的な防災・災害情報研究が学際研究・連携研究としてスタートした．その後，情報学環総合防災情報研究センター，災害・復興知連携研究機構が設置され，防災・災害情報研究は全学のさまざまな研究者が取り組む研究分野へと拡大してきている．

東京大学の防災・災害情報研究の使命として「災害の予防並に軽減方策の探究」を具現化し，次の大規模災害の被害を防ぐ方策，人の命を救うための情報を構築すべく，この叢書を刊行するものである．

東京大学大学院情報学環総合防災情報研究センター長
関谷直也